Ö.Faruk Gamlı

Sürülebilir Antepfıstığı Kreması Üretimi ve Kimyasal Özellikler

Ö.Faruk Gamlı

Sürülebilir Antepfıstığı Kreması Üretimi ve Kimyasal Özellikler

Sürülebilir Ezme Üretimde Antepfıstığı Miktarı ve Depolama Koşullarının Ürün Kalitesi Üzerine Etkisi

Türkiye Alim Kitapları

Impressum / Yayınevi adı
Bibliografische Information der Deutschen Nationalbibliothek: Die Deutsche Nationalbibliothek verzeichnet diese Publikation in der Deutschen Nationalbibliografie; detaillierte bibliografische Daten sind im Internet über http://dnb.d-nb.de abrufbar.

Deutsche Nationalbibliothek tarafından yayınlanan bibliyografik bilgiler: Deutsche Nationalbibliothek, bu yayını Deutsche Nationalbibliografie'de listeler; detaylı bibliyografik bilgi İnternet'te http://dnb.d-nb.de sitesinde mevcuttur.

Coverbild / Kitap kapağı resmi: www.ingimage.com

Verlag / Yayıncı:
Türkiye Alim Kitapları
ist ein Imprint der / yayınevinin bir ticari markasıdır
OmniScriptum GmbH & Co. KG
Heinrich-Böcking-Str. 6-8, 66121 Saarbrücken, Deutschland / Almanya
Email / E-posta: info@turkiye-alim-kitaplary.com

Herstellung: siehe letzte Seite /
Basım yeri: son sayfaya bakın
ISBN: 978-3-639-67033-2

İÇİNDEKİLER

ÖZET

Bu çalışmada, farklı antepfıstığı oranları (% 5,10 ve 15) kullanılarak sürülebilir özellikte antepfıstığı ezmesinin üretimi yapılmış ve cam ambalajlar içerisinde 4 oC ve 20 oC' de depolanması esnasında ürün kalitesine etki eden faktörler incelenmiş, bununla birlikte sürülebilir nitelikteki ezmenin nem soğurma eğrileri de elde edilmiştir. Krem yapısındaki ezmenin kalitesine etki eden faktörler olarak sırasıyla peroksit sayısı (meq O_2/kg), pH, toplam ve serbest asitlik (%), 2-tiobarbutrik asit, esmerleşme indisi,klorofil bileşenleri ve L*,a*b* değerleri ele alınmış ve duyusal değerlendirme ortalamaları incelenmiştir. Çalışma sonunda sürülebilir özellikteki antepfıstığı ezmesinin nem soğurma eğrilerine uygun matematiksel modelin Peleg modeli olduğu belirlenmiştir. 4 °C' de depolanan krem yapısındaki ezmelerin özelliklerinin cam kavanozlarda 20 °C' ye oranla daha iyi korunduğu, % 10 ve % 15 fıstık içeren sürülebilir ezmelerin duyusal özelliklerinin beğenilirliklerinin daha iyi olduğu gözlenmiştir.

1.GİRİŞ

Günümüz insan yaşantısının değişmesi ile birlikte vücudun beslenme alışkanlıkları da değişim göstermektedir.Vücudun enerji ihtiyacının karşılanmasında güne iyi bir kahvaltı yaparak başlamanın enerji ihtiyacının karşılanması için iyi bir kahvaltı yapmak suretiyle gerçekleşebilmektedir. Kahvaltıda alınan gıda maddeleri ile demir, fosfor, kalsiyum ve protein kaynaklarının vücuda alınması ile vücudun gereksinim duyduğu enerji ihtiyacı bu besinler karşılanmış olabilmektedir. Kahvaltı, enerji kaynağı olan gıda maddelerini içermekle birlikte alınan karbonhidratların bağırsak sisteminin çalışması sağlanmakta ve sindirim sorununu ortadan kaldırdığı ifade edilmektedir.

Kahvaltıda alınması gereken ürünler içerisinde karbonhidrat içerikli gıdaları arasında yağlı kuru meyvelerden elde edilen kremalarda yer almaktadır. Yağlı kuru meyve bazlı kremaların bileşimleri incelendiğinde bitkisel yağ, yağlı kuru meyve, sakaroz, süt tozu, peyniraltı suyu tozunun bulunduğu görülmektedir.

Yağlı kuru meyvelerden elde edilen kremaların üretilmesinde beslenme açısından önemli bir yere sahip olan ve bitkisel yağlardan elde edilen margarinler kullanılmaktadır. Bu yağlar, soya fasülyesi, ayçiçeği tohumu, hurma ve diğer yağlı bitkilerden elde edilmektedir. Yağlı bu bitkiler doymamış yağlar açısından zengin birer kaynak durumundadır. Sağlıklı beslenme açısından margarin tüketilmesinin tereyağına oranla daha önemli olduğu belirtilmektedir. Margarinler bitkisel kökenli maddelerden elde edildiğinden yapılarında doymamış yağ oranları yüksektir. Bu bitkiler tekli doymamış yağ, çoklu doymamış yağ ve e vitaminini kaynağı durumundadırlar. Doymamış yağların, kandaki kötü kolesterol olarak bilinen LDL düzeylerini düşürerek kalp sağlığını koruduğu ifade edilmektedir.

Vücudun günlük beslenmesinde alınan yağların bir denge içerisinde tüketilmesi gerektiği ifade edilmektedir. Günlük enerji ihtiyacının yaklaşık % 30 u yağlardan karşılanmalı ve bu miktarında % 10 u doymuş, % 10 u tekli doymamış, % 10 u çoklu doymamış yağlardan olacak şekilde alınması gerektiği ifade edilmektedir. Yetişkin bir erkek en az 90 g, yetişkin bir kadının ise en az 65 g yağ alması gerektiği, çocukların ise yetişkinlere oranla daha fazla yağ tüketmesi gerektiği belirtilmektedir. Gelişme çağlarının ilk dönemlerinde vücudun günlük enerji ihtiyacının yarısının margarin, süt ve benzeri, yağlı ürünlerden karşılanması gerektiği belirtilmektedir.

Yağlı kuru meyvelerden elde edilen kremaların bileşiminde yer alana margarinler, doymamış yağlar ve vitaminler açısından zengin birer kaynak durumundadır. Margarinlerin tereyağına oranla daha fazla miktarda D vitamini içermesi, gelişmekte olan bireylerin vücutta kalsiyum emilimini artırdığı, kemiklerin ve dişlerin güçlenmesi açısından önemli bir kaynak olduğu da ifade edilmektedir (Becel, 2006) .

Yağlı kuru meyvelerden elde edilen kremaların bileşiminde yer alan vitaminlerin de büyümeye yardımcı olduğu, sinir ve sindirim sistemlerinin normal çalışmasına, besin maddelerinin daha elverişli olarak kullanılmasına ve vücut direncinin artmasına yardımcı olduğu belirtilmektedir. Vitaminler açısından zenginleştirilmiş margarinlerin, kremaların bileşiminde yer alması ile birlikte kremaların birer vitamin kaynağı olarak görülmesini sağlamaktadır. Bitkisel margarin standardına göre margarinlere A ve D vitaminlerinin katılması zorunlu tutulmuştur. Yağda eriyen vitaminlerin yağlarla birlikte alınması sağlanarak bu vitaminlerin vücutta daha etkin olarak kullanılması sağlanmış olmaktadır.

Yağlı kuru meyvelerden elde edilen kremaların bileşenleri incelendiğinde (Çizelge 2.1.3) üretimde yağlı kuru meyve oranının ortalama % 6-25 arasında değiştiği, bu değerin üzerinde yağlı kuru meyve içeren ürünlerin ise ezme olarak satışa sunulduğu görülmektedir.

Marketlerde satışa sunulan yağlı kuru meyve bazlı kremaların bileşiminde soya fasülyesinden elde edilen yağsız soya ununun da yer aldığı görülmektedir. Soya unu, yüksek nitelikli protein açısından zengin olmakla birlikte Fe, Ca, ve B vitaminlerini kaynağı durumundadır. Bunlara ilave olarak soya fasülyesi unu, vücudun ihtiyaç duyduğu amino asitler açısından mükemmel bir denge oluşturması, çocuklar ve yetişkinler için önemli bir kaynak olduğu belirtilmektedir.

Yağlı kuru meyve bazlı kremaların üretim aşamalarında uygulanan işlemler sırasıyla;

-Kabukları soyulmuş yağlı kuru meyvenin 155-175 C lerde yaklaşık 5-20 dakika süre ile kavrulması

-Kavrulan yağlı kuru meyvenin 35-80 mikron inceliğine kadar öğütülmesi

-Şeker, süt tozu, yağsız kakao tozu ilave edilmesi

-Margarin,lesitin ve vanilin ilave edilmesi

-Karışımın inceltilmesi

-Karıştırma

-Dolum

aşamalarından oluşmaktadır.

Antepfıstığı, yağlı kuru meyvelerden elde edilen kremalar için uygun bir özellik taşımaktadır.

Beslenme değerleri açısından ele alındığında antepfıstığından elde edilen ezmenin de, fındık ezmesine yakın besin değerlerine sahip bir besin maddesi olduğu görülmektedir. Bileşimi incelendiğinde antepfıstığı ezmesinin yaklaşık 82.58 % yağsız kuru madde, 0.86 % oranında kül, 9.21 % oranında protein ve 7.84 % oranında yağ, 1.10 % oranında selüloz içerdiği ifade edilmektedir (Gamlı, 2004). Yağlı kuru meyvelerden elde edilen ve marketlerde satışa sunulan fındık kremalarının bileşiminde karbonhidrat, bitkisel yağ, yağlı kuru meyve, lesitin, soya unu yağsız süt tozu ve peynir altı suyu tozu gibi maddeler yer alırken, bileşen oranlarının ise fındık (6-25 %), şeker (35-40 %), yağ (35-38 %), süt tozu (4-10 %), peyniraltı suyu tozu (6 %), soya unu (5-7 %), lesitin (0.3 %), vanilin (0.5-1.0 %) şeklinde olduğu gözlenmiştir.

Yağlı kuru meyvelerden olan antepfıstığı, fındık, ceviz ve yerfıstığı gibi gıdalar bileşimleri itibarıyla insan beslenmesinde önemli bir yer tutmaktadır. Bu meyveler olgunlaşmadan önce yaklaşık % 50 ve daha fazla nem içermelerine rağmen hasattan sonra kurutulduklarında nem içerikleri yaklaşık olarak % 5 in altına ve özellikle % 3 civarlarına düşürülmektedir.Yağlı kuru meyvelerin düşük nem içerikleri bu kuru meyvelerde özellikle küf üremesini ve gelişimini engellemesi yanında yağ, protein ve karbonhidratların daha stabil olmalarını sağlamaktadır. Bu nedenle nem içeriğini düşük seviyelerde tutmak için yağlı kuru meyvelerin depolanmalarında depo bağıl neminin % 55 civarında tutulması gerektiği belirtilmektedir (Woodrof 1978).

Ülkemizde üretimi yapılan Antepfıstığının çeşitleri arasında Uzun, Kırmızı, Siirt, Ohadi, Halebi türleri bulunmaktadır. Üretimi yapılan antepfıstıkları içerisinde yüksek yeşil renk değerine ve fıstık aromasına sahip olan ve boz fıstık olarak bilinen türleri ise özellikle antepfıstığından elde edilen ezme üretiminde kullanılmaktadır (DİE 1997).

Antepfıstığı insan beslenmesinde önemli bir yere sahiptir. Bileşiminde yaklaşık olarak % 22 oranında protein, % 55 oranında yağ, % 18 oranında karbonhidrat, % 5 oranında nem bulunduğu belirtilmektedir (Pala 1994). Mineral maddeler açısından ele alındığında yüksek oranda K ve P bulunduğu ve bununla birlikte Ca, Mg, Fe içerdiği belirtilmektedir.Vitamin içeriği bakımından ise sırasıyla A, B_1, B_6, C vitaminini içerdiği ifade edilmektedir (Woodrof 1978). Ca, Mg ve K içeriğinin yüksek, Na miktarının düşük olması beslenme açısından önemini artırmaktadır. 100 gram antepfıstığında bulunan mineral maddelerin ise; Ca 106.1-139.7 mg, Zn 2.32-2.75 mg, Na 0.33-0.4 mg, Fe 3.63-4.51 mg, K 660.85-697.35 mg, Mn 1-1.75 mg, Cu 0.94-1.24 mg olduğu ifade edilmektedir (Pala ve ark.1994).

Antepfıstığının protein içeriği incelendiğinde çeşitlere bağlı olarak protein içeriği % 17-23 arasında değişen değerlere sahip olduğu görülmektedir.Vücuttaki dokuların yenilenmesinde ve eski hücrelerin onarılmasında proteinlerin kullanıldığı bilinen bir gerçektir. Yüksek protein içeriğine sahip besinler yoluyla vücuttaki bu değişimler sağlanabilmektedir. Antepfıstığının amino asit içeriği ele alındığında en fazla bulunan amino asitler sırasıyla glutamik asit, arginin, aspartik asit, losin, serin, valin, fenilalanin, lisin, izolösin, glisin ve prolindir (Pala ve ark.1994).

Antepfıstığının insan sağlığına ve beslenmesine olan etkilerinin ise günde 10-12 adet yenilen iç antepfıstığının vücudun günlük yağ asiti ihtiyacını karşılayabildiği,100 gramının vücudun günlük olarak protein, vitamin B_1 ihtiyacını ve fosfor ihtiyacının ise yaklaşık üçte birini karşıladığı, bileşiminde kolesterol bulunmadığından ve bileşimindeki yağların çok önemli bir kısmı doymamış yağ asiti içerdiğinden kandaki kolesterol düzeyini düşürerek koroner kalp hastalıkları riskini azalttığı, B_1, B_2, B_6 ve A vitaminlerini içerdiği, posa miktarı yönünden birçok tahıl ürününden daha üstün olduğu, ince bağırsakta glikoz emilimini azaltması ile birlikte kan şekeri artışını önlediği, yapısındaki lipidlerin çokluğu dolayısıyla tekli doymamış yağ asiti içerdiğinden kan şekerini yükseltme açısından buğdaydan daha az riske sahip olduğu belirtilmektedir (Anonim 1998).

Yağlı kuru meyvelerin içerdikleri doymamış yağ asitlerinin ve bunlardan özellikle linoleik ve linolenik asit içeriklerinin vücut beslenmesinde önemli bir yer tuttuğu ifade edilmektedir. Antepfıstığının yağ içerikleri incelendiğinde yaklaşık olarak % 40.6 ile % 53.5 arasında değişen yağa sahip oldukları, yağ asitlerinden, palmitik asitin % 7.2-10.5, stearik asitin % 0.9-2.5, oleik asitin % 54.4-71.8, palmitoleik asitin eser miktarda, linoleik asitin % 16.7-35.3 ve linolenik asitin ise yaklaşık % 2 civarında bulunduğu ifade edilmektedir (Köroğlu.1997). Antepfıstığının doymuş yağ asitlerini içermekle birlikte yüksek oranda doymamış yağ asitlerini de içerdiği ve bunun içerisinde de % 69 oranında tekli doymamış yağ asit ile % 18 oranında da çoklu doymamış yağ asiti bulunduğu belirtilmektedir (Woodrof 1978).

Aşırı miktarda enzim etkisi sonucuna bağlı olarak yağlı kuru meyvelerde bakteri ve küf gelişimine uygun ortam oluşmaktadır. Bu nedenle depolanan yağlı kuru meyvelerde bozulma ürünleri meydana gelmektedir. Kuru meyveler enzimatik aktivitelerin ve küf gelişiminin her ikisinin de önlenebildiği düşük nem içeriklerinde en iyi muhafaza edilmektedirler. Kritik nem seviyesi olarak bilinen bu seviye her bir yağlı kuru meyve için farklı bir değere sahiptir (Nas.ve ark.1992).

Kritik nem seviyesi değerinden daha yüksek nem değerlerine sahip gıda maddelerinde ısı birikiminin ve solunum aktivitesinin hızlı bir şekilde arttığı bilinmektedir. Gıda maddelerinin kritik nem seviye değerlerinin belirlenebilmesi için farklı nem soğurma izotermlerinin elde edilmesi ve bu izotermlere bağlı olarak matematiksel modeller kullanılarak kritik nem seviyesinin hesaplanması gerekmektedir. Nem soğurma eğrilerinin elde edilmesinde seçilen her sıcaklık değerinde farklı buhar basıncına, dolayısıyla su aktivite değerine sahip doymuş tuz çözeltilerinden yararlanılmaktadır.

Nem izotermlerinin elde edilmesi, gıda teknolojisinde önemli bir yere sahiptir. Gıda maddesine ait olarak elde edilen nem izotermleri gıdaların depolanabilirliği ve depolanma stabilitesi ile kurutma ve benzeri işlemler sırasında stabilitelerinin belirlenmesinde yaygın olarak kullanılmaktadır. Nem sorpsiyon izotermlerinin bilinmesi ile gıdalardaki mikrobiyal gelişmeler, enzimatik ve enzimatik olmayan esmerleşme reaksiyonları, yağların oksitlenmesi gibi su aktivitesine bağlı olan reaksiyon mekanizmalarının bilinmesiyle gıdaların bu reaksiyonlara karşı stabiliteleri de sağlanabilmektedir.

Gıda maddelerinin nem soğurma eğrileri, bileşimlerinde yer alan fonksiyonel gruplara, gıdanın kristal veya amorf yapıda bulunmasına, gıdanın bileşiminde bulunan maddelerin birbirleri ile etkileşmesine bağlı olarak farklılık gösterebilmektedir. Gıda maddelerinin dengeye ulaştıklarındaki nem değerlerinin belirlenebilmesi ve nem soğurma eğrilerinin elde edilebilmesi için deneysel olarak her sıcaklık değerinde elde edilecek olan deneysel verilere ihtiyaç duyulmaktadır.

Gıda maddelerinde meydana gelen kimyasal reaksiyonların hızlarının, belirli nem değerinin altında minimum düzeyde gerçekleştiği belirtilmektedir. Gıda maddesinde kalite kaybına neden olan bozulma reaksiyonlarının 0.3' ün üzerindeki su aktivite değerlerinde meydana geldiği ve özellikle bu bozulma reaksiyonlarının, lipitlerin oksitlenmesi ve enzimatik olmayan esmerleşme reaksiyonları olduğu ve bu reaksiyonların 0.3' ten itibaren su aktivite değerinin artması ile artmaya başladığı belirtilmektedir (Labuza 1983).

Bu su aktivite değerlerinde kılcal bölgelerde ve yüzeylerde bulunan nem bir çözücü madde görevi görerek kimyasalların çözünmesini sağlamakta ve bunları hareketli hale getirerek bu kimyasalların diğer maddelerle reaksiyona girmelerine neden olmaktadır. Bu nedenle artan su aktivite değerlerine bağlı olarak artan çözünürlük ve hareketliliğin bozulma reaksiyonlarını artırdığı ifade edilmektedir (Labuza 1983).

Dehidre olmuş gıda maddelerinde veya düşük nem içeriğine sahip gıdalarda nem seviyesi lipidlerin oksitlenmesini hızlandırıcı yönde etki yaparken, belirli miktardaki nem seviyesinin ise bu gıdaların stabilitelerinin sağlanmasında ve tekrar yapılandırılmasında gerekli olduğu belirtilmektedir. Bu tür gıda maddelerinde lipid oksidasyonunu büyük ölçüde kontrol eden faktörün ise suyun kendisinin olduğu belirtilmektedir (Duckworth 1975).

Bununla birlikte kritik nem seviyesinin üzerindeki değerlerde ise ortamdaki nem lipid oksidasyonu hızlandırıcı yönde etki yapmaktadır. Bu etkinin, azalan vizkosite ve kılcal bölümlerin genişlemesiyle ortamdaki metal katalistlerin yayılma hızlarının ve iyonlaşmalarının artması şeklinde olduğu ifade edilmektedir (Labuza 1983).

Yağlı kuru meyveler, yüksek oranda yağ içerdiklerinden dolayı bunlarda bozulmaya neden olan başlıca reaksiyonların başında yağlarda meydana gelen değişmeler gelmektedir. Vücut beslenmesinde önemli bir yere sahip olan bitkisel kökenli yağlar kimyasal reaksiyonlar sonucunda bozulmaya uğramaktadırlar. Yağların kimyasal olarak bozulmalarına neden olan başlıca reaksiyonların ise oksidasyon, hidroliz, polimerleşme ve izomerleşme olduğu ifade edilmektedir (Yıldız ve Güvenen. 1996).

Yağların hidrolizi ve sıcaklık etkisiyle meydana gelen polimerleşme reaksiyonları sonucunda meydana gelen bozulma reaksiyonlarının başında yağların oksitlenmesi gelmektedir. Bu reaksiyonlar yüksek sıcaklıklarda daha hızlı olup, düşük sıcaklıklarda ise reaksiyon daha yavaş ve daha uzun sürede gerçekleşmektedir. Bu reaksiyonların reaksiyon hızlarını artıran dış etkenler ise oksijen, ısı, ışık, zaman ve metal iyonlarının varlığıdır. Bitkisel kökenli yağların oksitlenmesini etkileyen diğer faktörler ise yağların yağ asit bileşimleri ve bunlarda bulunan fakat trigliserit olmayan bileşiklerdir (Yıldız ve Güvenen. 1996).

Linoleik ve linolenik asit gibi birden fazla çift bağ içeren doymamış yağ asitlerinin daha hızlı oksitlendikleri bilinen bir gerçektir. Hidrokarbon zincirinde bulunan C-H bağına bir molekül oksijenin bir hidroperoksit vermek üzere katılmasıyla yağ asitlerinin oksitlenmesi gerçekleşmektedir. Birden fazla çift bağ içeren yağ asitlerinin parçalanması ile hidroperoksit bileşikleri meydana gelmektedir. Hidroperoksitler aktif oksitleyici bileşikler olup bunların oda şartlarında diğer moleküllerle tepkimeye girme eğiliminde olduğu ifade edilmektedir (Pershern ve ark.1994).

Sıcaklık uygulamasının yağın yapısında meydana getirdiği kimyasal değişiklikler, doymamış yağ asidi zincirindeki H atomunun koparılması ile başlamaktadır. Oksitlenme sırasında oluşan serbest radikal zincir mekanizması başlangıç, ilerleme ve sonuç aşamalarından oluştuğu ve meydana gelen serbest lipid radikallerinin, otooksitlenmenin ilk ürünü olan hidroperoksitleri meydana getirmek için oksijenle reaksiyona girdiği belirtilmektedir (Yıldız ve Güvenen.1996).

Yağlı kuru meyvelerin bir çoğunda doğal olarak bulunan tokoferollerin, doymamış yağların oksitlenmesi ile meydana gelen serbest radikalleri nötralize ederek bu gıdalarda aroma ve tat kaybını ve buna neden olan hexanal oluşumunu geciktirdiği belirtilmektedir. Fındıkta α-tokoferol miktarı, depolama esnasında aroma kaybının önlenmesinde önemli bir rol oynamaktadır (Pershern ve ark.1994).

Yağlı kuru meyvelerde aroma kaybına ve bunların raf ömürlerinin azalmasına neden olan lipidlerin oksitlenmesi; antioksidanların varlığı, metal iyonlarının varlığı, yağın bileşimi ve enzimlerden etkilenmektedir. Bunlar içerisinde lipoxygenaz enzimi yağ asitleri içerisinde konjugasyonu katalizleyerek ve hidroperoksitleri oluşturarak raf ömrünü kısaltmaktadır. Linoleik ve linolenik asitlerinin hidroperoksit ürünlerinin alt reaksiyonlarının, hexanal oluşumuna ve ürünlerde aroma kaybına neden olduğu belirtilmektedir (Pershern ve ark.1994).

Hızlandırılmış yöntem uygulanarak bitkisel yağların oksitlenmeye dayanıklılığının saptanması üzerine yapılan bir çalışmada; farklı bitkisel yağlara (fındık yağı, zeytin yağı,mısırözü yağı, palm yağı, ayçiçek yağı, soya yağı), yüksek sıcaklık ve sürelerde (65 ^{o}C-96 s) hızlandırılmış yöntem uygulanmış olup elde edilen bulgulara göre: yağlarda bulunan tokoferoller ve fosfolipitlerin antioksidant özelliklerinden dolayı oksitlenmenin belirli oranda önlendiği, düşük fosfolipit içeriğinin düşük oksidatif stabiliteye neden olduğu ve fosfolipitlerin yağın hava ile temas ettiği yüzeye bir oksijen bariyeri gibi görev yaptığı belirtilmektedir (Yıldız ve Güvenen. 1996). Bu çalışma sonucunda yüksek oleik asit içeriğine sahip olan yağların ısıya daha dayanıklı olduğu ve çoklu doymamış yağ asitleri oranının az olmasının daha düşük seviyede parçalanmaya neden olduğu ve çoklu doymamış yağ asitlerindeki parçalanmaya bağlı olarak iyot sayısının azaldığı belirlenmiştir. Yağın içerdiği tekli doymamış ve doymuş yağ asitleri oranının yükselmesine bağlı olarak yağın oksitlenmesi ile yağın oksidasyona karşı stabilitesininde arttığı ifade edilmektedir (Yıldız ve Güvenen. 1996).

Oksitlenme esnasında pikan yağlarındaki kimyasal değişiklikler adlı çalışmada; oksitlenme esnasında yağın tokoferol içeriğinde bir azalmanın meydana geldiği ve yağın belirli bir süre sonunda renksizleştiği tespit edilmiş ve bununla birlikte oksitlenme ürünlerinde hızlı bir artış olduğu ve buna bağlı olarak linoleik asit miktarında bir azalmanın olduğu belirlenmiştir. Yağa belirli bir konsantrasyonda tokoferol ilave edilmesiyle birlikte ilave edilen tokoferol konsantrasyonuna bağlı olarak birlikte yağın raf ömründe % 16 ile % 50 arasında bir artış olduğu gözlenmiştir. Bu araştırmada 70 farklı pikan cevizi numunesinden elde edilen yağlarda, yağın oleik asit içeriğinin artmasına bağlı olarak yağın oksitlenmesinin daha uzun sürede gerçekleştiği, bunun yanısıra yağın linoleik asit içeriğinin artmasına bağlı olarak da yağın oksitlenmesinin daha kısa sürede gerçekleştiği belirlenmiştir (Rudolph ve Odell.1992).

Pikan cevizinde aroma kaybını artıran ve lipid içeriğini etkileyen birçok faktörun olduğu belirlenmiştir. Lipoxygenaz enzimi linoleik asitin oksitlenmesini katalizleyerek konjuge hidroperoksit oluşumunu gerçekleştirmekte ve bunun sonucu olarak istenmeyen tat ve kokuların oluşmasına neden olmaktadır. Bu enzimin pigmentlerin ağartılmasını da katalizlediği belirtilmiştir (Rudolph ve Odell.1992).

Yüksek oranda çoklu doymamış yağ asiti içeren yağlarda bozulmanın belirlenmesinde TBA testinin önemli bir yeri olduğu belirtilmektedir. 2-tiobarbütrik asit, linoleatın oksitlenme ürünü olan malonaldehitle reaksiyona girerek pembe bir renk oluşturmaktadır. Ayrıca TBA' nın ortamda oluşan aldehit ve dienallada reaksiyona girerek portakal rengi oluşturduğu ifade edilmektedir. 2-tiobarbütrik asit, oksitlenme sonucu açığa çıkan aldehitlerle reaksiyona girerek 450, 530 ve 538 nm' de spektrofotometrik olarak ölçülebilen bir kromojen meydana getirdiği ve elde edilen sonucun ise mg malonaldehit/kg madde olduğu belirtilmektedir.

Bununla birlikte bileşimde bulunan diğer aldehit, protein, sakkaroz ve ürenin de TBA ile reaksiyona girip spektrofotometrik olarak ölçülebilen maddeleri meydana getirdiği ifade edilmektedir. TBA reaksiyonu sadece oksitlenme esnasında oluşan aldehitlerin ölçülmesinde iyi bir yöntem olarak kalmamakta, bununla birlikte organoleptik olarak ölçülen ransiditenin gelişimi ile de yakından alakalı olduğu ifade edilmektedir. Bununla ilgili olarak ceviz üzerine yapılan bir çalışmada TBA' nın cevizin yenilebilirliğinin belirlenmesinde iyi bir metot olduğu tespit edilmiştir. Bunlara ilave olarak β-karoten ve tokoferollerin doğal antioksidanlar olduğu ve yağların stabilitesini geliştirdiği, ayrıca oleik ve linoleik asit konsantrasyonlarının yağın depolama stabilitelerinin belirlenmesinde en iyi indikatörler olduğu belirtilmektedir (Rudolph ve Odell.1992).

Fındık ile ilgili olarak fındıkta lipid oksidasyonunu etkileyen faktörler adlı çalışmada; lipid oksidasyonunu etkileyen faktörler arasında lipoxygenaz enzimi, tokoferol miktarı, fındığın yağ asit profili, doymamışlık/doymuşluk oranı ele alınmıştır. Bu faktörler içerisinde yüksek doymamışlık derecesine sahip olan fındık türlerinin daha az raf ömrüne sahip olduğu, buna karşılık tokoferol içeriği ve düşük çoklu doymamış yağ asit içerikli olan türlerin ise daha uzun raf ömrüne sahip olduğu belirtilmektedir. Tokoferolün antioksidan özelliğinden dolayı fındığın raf ömrünü uzattığı ve aynı zamanda fındıkta bulunan protein ve mineral maddelerinin ise raf ömrüne herhangi bir etkilerinin bulunmadığı ifade edilmektedir (Pershern ve ark.1994).

Hexanal, linoleatın bir oksitlenme ürünü iken, oktanal, oleatın bir oksitlenme ürünüdür. Hexanal ve oktanal seviyelerinde fındığın depolanması süresince meydana gelen artışlar fındıkta bozulma belirtileri olarak kabul edilmektedir (Kinderlerer ve Johnson.1991).

Antepfıstığında bulunan renk maddesi klorofilin dayanıklı bir pigment olmadığı ve bununla birlikte zaman içerisinde farklı parametrelere bağlı olarak değişime uğradığı belirtilmektedir. Klorofil molekülünde bulunan Mg' un asitlerin etkisi ile molekülden kolayca ayrılıp yerine hidrojenin bağlandığı ve bunun sonucu olarak 'feofitinler' in oluştuğu ve buna bağlı olarak da klorofilin yeşil renginin sarı-kirli yeşile dönüştüğü belirtilmektedir. Buna göre klorofilin, sarı-kirli yeşil renge dönüşmesinin ortamın asitliği ile yakından alakalı olduğu ifade edilmektedir (Cemeroğlu ve Acar.1986).

Antepfıstığı ezmesinin farklı sıcaklık derecelerindeki nem izotermlerinin elde edilmesi ve farklı matematiksel modellerin uygulanabilirliği ile ilgili olan çalışmada, antepfıstığı ezmesinin yaklaşık 7.46 % su, 7.00 % yağ, 6.16 % protein, % 78.14 şeker, 0.78 % kül ve 0.46 % oranında selüloz içerdiği belirtilmektedir. Düşük su aktivite değerlerinde (aw < 0.15) ezmenin sert ve kuru bir yapıya sahip olduğu, yüksek su aktivite değerlerinde (aw > 0.85) ise .... yapıya sahip olduğu ifade edilmektedir. Yüksek su aktivite değerlerinde ürünün renginin kahverengine dönüştüğü be bunun nedeninin ise Maillard reaksiyonundan kaynaklanabileceği ifade edilmektedir (Maskan ve Göğüş. 1997).

Gıda maddelerinin uzun süre muhafaza edilebilmeleri onların fiziksel, kimyasal ve duyusal özelliklerinin bilinmesi ve bunların korunabilmesi ile mümkün olabilmektedir. Bununla birlikte farklı parametrelere bağlı olarak gıda maddelerinin raf ömürleri kısalmaktadır. Gıda maddelerinin kalitelerindeki değişime neden parametrelere bağlı olarak, gıdanın raf ömürleri ve gıdada meydana gelen kalite kaybı ile bunların muhafaza edilebilirlikleri arasındaki ilişkiler standart yöntemlerle belirlenebilmektedir.

Beslenme değerleri açısından ele alındığında antepfıstığından elde edilen ezmenin de, fındık ezmesine yakın besin değerlerine sahip bir besin maddesi olduğu görülmektedir. Bileşimi incelendiğinde antepfıstığı ezmesinin yaklaşık 82.58 % yağsız kuru madde, 0.86 % oranında kül, 9.21 % oranında protein ve 7.84 % oranında yağ, 1.10 % oranında selüloz içerdiği ifade edilmektedir (Gamlı, 2004). Yağlı kuru meyvelerden elde edilen ve marketlerde satışa sunulan fındık kremalarının bileşiminde karbonhidrat, bitkisel yağ, yağlı kuru meyve, lesitin, soya unu yağsız süt tozu ve peynir altı suyu tozu gibi maddeler yer alırken, bileşen oranlarının ise fındık (6-25 %), şeker (35-40 %), yağ (35-38 %), süt tozu (4-10 %), peyniraltı suyu tozu (6 %), soya unu (5-7 %), lesitin (0.3 %), vanilin (0.5-1.0 %) şeklinde olduğu gözlenmiştir.

Wolf ve arkadaşları tarafından yapılan çalışmada bitkisel sterollerle zenginleştirilmiş margarinlerin düzenli kullanımının kan kolesterolünü düşürücü etkisi araştırılmış ve günde 1.5 -3 g bitkisel sterol alınmasının toplam kolesterol düzeyini % 8-17, LDL- kolestrol düzeyini ise % 9-19 oranında düşürdüğü belirlenmiştir. Diyetteki karbonhidratların yerine bitkisel streol içeren yağ tüketilmesi LDL kolesterol düzeyini düşürürken, HDL kolesterol düzeyinde artış sağlamıştır. Bitkisel sterol ve stanol tüketimi, kolesterol emilimini kısmen engelleyerek plazma total ve LDL kolestreol düzeylerinde düşüş sağlamakta ve günde 2 g bitkisel sterol alınmasının LDL kolesterol düzeyini % 10 oranında düşürdüğü , HDL kolesterol düzeyinde ise değişikliğe yol açmadığı belirlenmiştir. Plazma total ve LDL kolestrerol düzeylerinin azaltılmasında en etkili stratejilerden biri diyet yağ içeriğinin azaltılmasının gerektiği ifade edilmektedir (Becel,2006).

Yağlı kuru meyvelerin kimyasal bileşimleri ve besin maddeleri açısından zengin gıda maddeleri olduğu ve bunların beslenmedeki öneminin ise özellikle yüksek doymamış/doymuş yağ asit oranından kaynaklandığı, yüksek tekli doymamış yağ asit içeriği ve yüksek lif içeriğinden kaynaklandığı ifade edilmektedir. Yağlı kuru meyvelerden elde edilen ürünlerin üretiminde genellikle yağlı kuru meyvelere ısıl işlem uygulandığı ve bu işlemler içerisinde de kavrulma işleminin olduğu belirtilmektedir. Yağlı kuru meyvelerin kavrulması sırasında arzu edilen tad ve aromanın ısıl işlem ile oluştuğu ve yağlı kuru meyvelerden olan yerfıstığının kavrulması sırasında pyrazine bileşiklerinin kavrulma işleminin bır sonucu olarak açığa çıktığı ifade edilmektedir. Yağlı kuru meyvelerin depolama, ısıl uygulama ve oksijen ve ışık ile temas etmesi durumunda lipid oksitlenmenin olduğu belirtilmekte; yağ asit bileşimi, oleik:linoleik (O/L) asit oranının bazı faktörlerden etkilendiği, yağlı kuru meyvelerdeki asitte çözünebilen protein fraksiyonlarının uygulana ısıl işleme duyarlı oldukları ve uçucu aroma maddelerinin oluşumunda rol oynadıkları ifade edilmektedir (Çağlaırmak 2005).

Yağlı kuru meyvelerin kavrulmasındaki temel amacın, ürünün yenilebilirliğini artırmak amacıyla tad ve yapısal değişiklikleri meydana getirmek olduğu belirtilmektedir. Kavrulma işlemi esnasında tadı meydana getiren maddelerin serbest amino asit ve monosakkarıtlerin olduğu, fındığın kavrulması ile yaklaşık 20 den fazla farklı maddelerin açığa çıktığı ve oluşan maddelerin tadı meydana getirdiği belirtilmektedir. Yerfıstığının kavrulması esnasında nem miktarı ve renk gelişimi arasındaki ilişki ilgili olarak yapılan bir çalışmada; renk değişim oranının hızlı kurutma aşamasından sonra önemli olduğu belirlenmiş, nem alma oranının düşmeye başlaması ile birlikte ürünün hızlı bir şekilde koyulaştığı ifade edilmektedir. Yağlı kuru meyvelerden fındığın en uygun kavrulma koşullarının belirlenmesi, uygulanan sıcaklık, hava hızı ve kavrulma süresinin belirlenmesine çalışılmış; 145 ^{o}C, 2 m/s 28 d, 165 ^{o}C, 1 m/s 25 d ve 145 ^{o}C 3.7 m/s 29 d süreyle kavrulma işlemine tabi tutulan fındıkların en yüksek ortalama değerlendirme puanını aldıkları ifade edilmektedir. Kavrulma işlemi sırasında uygulanan sıcaklık, hava hızı ve kurutma süresini artışı ile yanık tad ve kavrulmuş fındık tadı artarken yüksek sıcaklık, hız ve zamanda kavrulan fındık tadının yoğunluğundaki artış yanık tatlardan daha fazla olduğu belirtilmekte ve bu kavurma şartlarında yanık tadına yakın çok kuvvetli bir kavrulmuş fındık tadının oluştuğu belirtilmektedir. Uygulanan işlemler sonucu ürünün fiziksel özellikleri içerisinde enzimatik olmayan esmerleşme reaksiyonlarından dolayı Hunter L değeri azalırken diğer yandan a ve b değerlerinin artan sıcaklık, hız ve kavrulma süresine bağlı olarak arttığı; fındığın kavrulmasının sonucu olarak a değerindeki artışın b değerindeki artıştan daha fazla olarak gerçekleştiği ifade edilmektedir. Kavrulma işlemi esnasında enzimatik olmayan esmerleşme reaksiyonunun kavrulan ürünün tad ve renginin ortaya çıkarılmasında çok önemli olduğu; kurutma sıcaklığının ürünün kalite özelliklerini etkileyen en önemli bağımsız değişken olduğu ifade edilirken bununla birlikte kurutma havasının hızı ve kurutma süresinin de önemli olduğu, çok koyu ya da çok hafif kavrulan ürünlerin tüketiciler tarafından kabul görmediği belirtilmekte ve yukarıda belirtilen kavurma koşullarının uygulanan işlemler içerisinde fındık açısından en uygun koşullar olduğu ifade edilmektedir (Saklar 2000).

Gıda maddelerine uygulanan ısıl işleme bağlı olarak ürünlerin renklerinde meydana gelen değişimler Hunter renk ölçüm yöntemi ile belirlenebildiği ifade edilmekte; Hunter renk ölçüm yönteminde a değerinin yeşil sebze sularının renk değişimini ifade etmekte kullanılabildiği; Hunter L ve b değerinin ise ısı uygulaması ile koyulaşan ürünlerin renklerinin ifade edilmesinde kullanılabileceği belirtilmektedir. Isıl uygulamaya bağlı olarak ürünlerin yeşil renklerindeki azalmanın reaksiyon oranının daha yüksek olmasına bağlı olduğu ve bunun nedeninin ise ısıl işlem esnasında Mg' un klorofil molekülünden kolaylıkla ayrılıp hidrojenle yer değiştirerek arzu edilmeyen kahverengi pigmentleri, feofitinleri oluşturduğu belirtilmektedir (Loong, 2003)

Dut ve Harnup pekmezlerinin depolanması süresince meydana gelen değişimlere bağlı olarak renkte değişimler gözlenmiş ve Hunter renk ölçüm yöntemi ile renk değerleri ifade edilmiştir. Depolama süresine bağlı olarak L değerinde artışın meydana geldiği ifade edilmekte; a/b değerindeki artışın gıda maddelerinde meydana gelen kırmızılığın artmasının bir göstergesi olduğu ifade edilmektedir (Batu ve ark. 2007)

Esansiyel yağ asitlerinin, doğal kan inceltici özellikte olduğu, kalp krizine yol açabilen kan pıhtılaşmasını önlediği, bu yağ asitlerinden fakir bir beslenme rejiminin kepek, egzama, tırnaklarda çatlama, mat ve kırılgan saçlar gibi deri problemlerine neden olduğu belirtilmekte ve bu yağ asitlerinin bağırsak sistemi boyunca uzanan hücrelerin yapısını etkilemekte, ince bağırsağın içerisini kaplayan sindirici-emici hücrelerin kalınlığını ve yüzey alanını arttırdığı ifade edilmektedir (Eseceli 2006).

Yer fıstığı yağlı ürünlerde su aktivitesine bağlı olarak ortamda bulunan suyun prooksidant ya da antioksidant görevi gördüğü ve bileşime dahil edilen % 5 lik su miktarının oksitlenmeyi artırdığı; buna bağlı olarak ürünlerde tat ve koku kaybında meydana gelen artışın ise oksitlenme belirtileri olarak kabul edildiği ifade edilmektedir. Artan nem miktarına bağlı olarak yer fıstığı yağlı ürünlerin renklerinde koyulaşma meydana geldiği belirtilmekte ve TBA metodunun ise bu ürünlerin oksitlenmelerinin belirlenmesinde yeterli bir ölçüt olmadığı ifade edilmiştir. Kavrulmuş yer fıstığı kullanılarak üretilen ve bileşiminde belirli bir miktarda nem bulunan ürünlerde kalitede kayıpların meydana geldiği ve bu ürünlerin raf ömürlerinde azalmanın olduğu ifade edilmektedir (Felland 1996).

Düşük a_w değerlerinde daha az oranda su tutulurken artan a_w değeri ile birlikte daha fazla su absorbe edildiği, M_o değerlerinin 30 °C de kuru üzüm, incir, kuru erik ve havuç için sırasıyla 12.5,11.7, 13.3 ve 15.1 (g/100 g) olduğu ve buna benzer gıda maddeleri için M_o değerlerinin 2-10 arasında değiştiği belirtilmekte ve artan sıcaklıkla birlikte M_o değerinin azaldığı ifade edilmektedir (Maroulis ve ark. 1988).

Şeker içeriği yüksek olan gıda maddeleri ile ilgili olarak farklı nem izoterm çalışmaları yapılmış ve nem izotermlerine bağlı olarak farklı matematiksel modeller kullanılmıştır. Bileşiminde yaklaşık % 72 invert şeker, 13.4 nişasta ve 14.6 nem bulunan lokumun nem izotermleri belirlenerek farklı matematiksel modeller kullanılmıştır. Lokumun bileşiminde bulunan nişastadan dolayı şeker ve invert şekerden daha farklı komplike bir yapı arz ettiği; çok düşük a_w değerlerinde ürün sert ve kırılgan bir yapı kazanırken çok yüksek a_w değerlerinde ise iki farklı yapının ortaya çıktığı belirtilmektedir. Bunlardan ilkinin şekerin çözünmesinden dolayı sıvı şeker fazı oldugu, diğerinin ise yumuşak ve jel benzeri bir yapıdan meydana geldiği ifade edilmektedir. BET sınıflandırmasına göre şeker içeriği yüksek ürünlerde izoterm eğrisinin J şeklinde olup Tip III sınıflandırmasına dahil olduğu belirtilmektedir. Baza a_w değerlerinde farklı sıcaklıklara ait izoterm eğrilerinin kesiştiği gözlenmiş; bunun nedenlerinin ise mikrobiyal gelişime ve şekerin çözünmesine bağlı olarak gerçekleştiği belirtilmektedir. Ortamda mikrobiyal gelişimin gözlenmediği ve sıcaklığın artması ile birlikte şekerin çözünürlüğünün önemli düzeyde arttığı, ürün tarafından daha fazla su tutulduğu ifade edilmektedir. Lokumun farklı sıcaklıklardaki nem izotermlerinin belirlenmesinde kullanılan matematiksel modeller içerisinde Iglesias&Chirife modelinin uygun olduğu ifade edilmektedir. Matematiksel modeller içerisinde Henderson ve

Chung&Pfost denklemlerinin nişastalı ürünlerin izotermleri için uygun iken bileşime ilave edilen şekerin nem izoterm yapısını değiştirdiği belirtilmekte birlikte Henderson, Chung&Pfost ve Halsey modellerinin şekerli ürünler için uygun olduğu; Iglesias&Chirife modelinin ise özellikle 0.078-0.92 a_w değerlerinde daha yüksek regresyon değerlerine sahip olduğu belirtilmektedir (Gögüş ve ark.1998).

Yağlı kuru meyvelerden elde edilen ürünler arasında sürülebilir özellikte krem yapılı ürünlerin bileşiminde bitkisel yağ, yağlı kuru meyve, sakaroz, süt tozu, peyniraltı suyu tozu, lesitin, vanilin ve tuz gibi maddeler bulunmaktadır.

2.MATERYAL ve METOD

2.1.Materyal

Araştırmada kullanılan sürülebilir nitelikteki antepfıstığı ezmeleri 4 ve 20 °C olmak üzere iki farklı sıcaklık derecesinde cam kavanozlarda 8 ay süre ile muhafaza edilmiştir.

Antepfıstığı ezmelerinin ambalajlanmalarında 300 ml' lik cam kavanoz ambalaj materyalleri kullanılmıştır.

Araştırmada materyal olarak kullanılan sürülebilir nitelikteki antepfıstığı ezmesinin üretiminde; boz fıstık olarak bilinen antepfıstığı, pudra şekeri (sakkaroz), yağsız süt tozu yağsız toz lesitin, vanilin ve margarin kullanılmıştır.

Üretimde kullanılan yağsız toz lesitinin kimyasal özellikleri Çizelge.2.1.1' de belirtilmiştir.

Çizelge 2.1.1 Sürülebilir antepfıstığı ezmesi üretiminde kullanılan lesitinin bileşimi

Bileşenler	g/100 g
E vitamini (IU)	6
Nem	1
Protein	< 0.05
Sodyum	11
Toplam karbonhidrat	8
Seker	4
Kalsiyum (mg)	140
Demir (mg)	1200
Potasyum (mg)	1200
Fosfor (mg)	3000
Phosphatic acid (%)	8
Phosphatidycholine (%)	23
Phosphatidylethanolamine (%)	19
Phosphatidylinositol (%)	14

Yağlı kuru meyvelerden elde edilen ürünler arasında sürülebilir özellikte krem yapılı ürünlerin bileşiminde bitkisel yağ, yağlı kuru meyve, sakaroz, süt tozu, peyniraltı suyu tozu, lesitin, vanilin ve tuz gibi maddeler bulunmaktadır. Bu maddelerin bileşimdeki oranları Çizelge 2.1.2' de verilmiştir.

Çizelge 2.1.2 Sürülebilir özellikteki kremaların genel bileşenleri (%)

Bileşenler	%
Yağlı kuru meyve	5-15
Şeker	35-40
Peyniraltı suyu tozu	5-6
Süt tozu	4-10
Kakao	4-6
Yağ	35-38
Soya unu	5-7
Aroma (vanilin)	0.1-0.5
Lesitin	0.5

Marketlerde satışa sunulan ve yağlı kuru meyve bazlı krem yapısındaki bazı sürülebilir ezmelerin bileşimindeki maddeler ve bunların ortalama değerleri Çizelge 2.1.3' de verilmiştir.

Çizelge 2.1.3 Marketlerde satışa sunulan bazı yağlı kuru meyve bazlı kremaların ortalama bileşen değerleri

Bileşenler	$Ü_1$	$Ü_2$	$Ü_3$	$Ü_4$	$Ü_5$	$Ü_6$
Sakaroz	+	+	+	+	+	+ (% 30)
Yağlı kuru meyve	+	+	+	+	+	+ (% 15)
Süt tozu	+	+ (%4)	+	+	+	+ (%6)
P.S.T	+	-	-	+	+	+
Lesitin	+	+	+	+	+	+
Vanilin	+	+	-	+	+	+
Aroma mad.	-	+	+	+	-	+
Kakao	+	-	+	+	-	+
Tuz	-	-	-	+	-	-
Yağ	+	+ (%35)	+	+	+	+ (%38)

Sürülebilir özellikte antepfıstığı ezmesi üretiminde kullanılan margarin üretici firmadan temin edilmiş olup, içerisinde bulunan maddeler sırasıyla yağ (ayçiçek-soya-pamuk-hurma yağı), su, yağsız pastörize süt, peyniraltı suyu tozu, emülgatörler (mono ve digliserdi, soya lesitini) tuz, koruyucu madde (potasyum sorbat), sitrik asit (asitliği düzenleyici madde), Vitamin A ve D, tereyağı aroması ve beta karoten kullanılmış olup besin değerleri Çizelge 2.1.4' de verilmiştir.

Çizelge 2.1.4 Sürülebilir antepfıstığı ezmesi üretiminde kullanılan margarinin bileşen değerleri

Bileşenler	g/100 g
Protein	0.1
Yağ	60
Tekli doymamış yağ asiti	18
Çoklu doymamış yağ asitleri	24
Doymuş yağ asitleri	18
Karbonhidrat	0.3
Kolesterol	0
Vitamin A (mikro gram)	600
Vitamin D (mikrogram)	2.5
Enerji (kcal)	540

Sürülebilir özellikte antepfıstığı ezmesi üretiminde kullanılan süt tozunun bileşenleri ise Çizelge 2.1.5' de verilmiştir.

Çizelge 2.1.5 Sürülebilir antepfıstığı ezmesi üretiminde kullanılan süt tozunun bileşen değerleri

Bileşenler	g/100 g
Protein	36
Yağ	1.25
Karbonhidrat	52
Ca (mg)	1256
Enerji (kcal)	363

2.2.Metod

2.2.1.Denemenin düzenlenmesi

Araştırmada kullanılan sürülebilir nitelikteki antepfıstığı ezmesinin üretiminde yağlı kuru meyvelerden elde edilen sürülebilir özellikteki krema üretim tekniği referans olarak alınmış ve üç farklı formülasyonda (% 5-10-15 antepfıstığı miktarları) üretilmiştir.

2.2.2. Sürülebilir nitelikte sürülebilir antepfıstığı ezmesinın hazırlanması

Krem yapıda sürülebilir özellikte antepfıstığı ezmesinin hazırlanmasında pudra şekeri, antepfıstığı, süt tozu, vanilin, margarin ve lesitin kullanılmıştır. Üretimde 150-170 °C sıcaklıkta 6-8 dak. süreyle kavrulan antepfıstığı toz haline getirilerek üretime hazır getirildikten sonra, üzerine yeterli miktarda pudra şekeri ve süt tozu ilave edilip belirli bir süre karıştırıldıktan sonra margarin, lesitin ve vanilin ilave edilerek istenen kıvam elde edilinceye kadar karıştırılmıştır.

2.2.3 Sürülebilir nitelikteki antepfıstığı ezmesinin ambalajlanması

Hazırlanan sürülebilir özellikteki ezmeler 300 ml hacimli cam kavanozlara sıcak ve tam dolum gerçekleştirilmiş ve ağızları polipropilen (PP) kapaklarla kapatılarak ambalajlama yapılmıştır.

2.2.4 Sürülebilir antepfıstığı ezmesinin depolanması

Denemede kullanılan ezmeler 4 °C (+/- 0.5 C)' de (buzdolabı koşullarında) ve 20 °C (+/- 0.5 C)' de (oda koşullarında) olmak üzere iki farklı sıcaklık derecesinde 8 ay süre ile depolanmıştır.

2.2.5. Nem izotermlerinin belirlenmesi

Antepfıstığı ezmelerinden 15 g numune 0.001 gr hassasiyetle alınmış ve darası alınmış küçük cam kaplara yerleştirilmiş ve daha önceden su aktivite değerleri belirli olan ve saf su ile doygun çözelti haline getirilen tuz çözeltileri içerisinde yine özel cam kaplar içerisine yerleştirilerek belirli periyodik aralıklarla kazanmış oldukları nemler ölçülmüştür. Antepfıstığı ezmelerinin kazanmış oldukları nemlerin belirlenmesi, ezmelerin sabit ağırlığa ulaşıncaya kadar (35-45 gün) gelmesi sağlanarak hesaplanmıştır. Antepfıstığı ezmelerinin kazanmış oldukları nem miktarları, numunelerin 70 °C' lik etüv içerisinde kurutulması suretiyle 100 gr kuru madde üzerinden hesaplanmıştır (Labuza 1983).

Çizelge 2.2.5.1' de antepfıstığı ezmesinin nem soğurma eğrilerinin elde edilmesinde kullanılan doymuş tuz çözeltileri verilmiştir.

Çizelge 2.2.5.1 Nem izoterminin elde edilmesinde kullanılan doymuş tuz çözeltilerinin 4 °C ve 20 °C deki a_w değerleri

Doymuş tuz çözeltisi	Sıcaklık (C)	
	4 °C	20 °C
	a_w	
Potasyum Hidroksit	0.1434	0.2311
Magnezyum Klorit	0.336	0.3307
Potasyum Karbonat	0.4313	0.4315
Magnezyum Nitrat	0.5886	0.5438
Potasyum İyodür	0.7857	0.7536
Amonyum Sülfat	0.8242	0.8134
Potasyum Sülfat	0.8767	0.8511

Labuza(1983

0.7 ve daha büyük su aktivite değerlerinde mikroorganizma faaliyetlerini önlemek amacıyla doymuş tuz çözeltilerine kükürt dioksit ilave edilmiştir.

2.2.6. Sürülebilir antepfıstığı ezmesinin nem izotermine bağlı olarak kullanılan matematiksel modeller

Antepfıstığı ezmelerinin 4 ve 20 °C' deki nem izotermleri ile ilgili olarak aşağıdaki matematiksel modeller kullanılmıştır.

(1) Halsey Eşitliği $M=A(-Lna_w)^B$

(2) Henderson Eşitliği $M=A(-Ln(1-a_w))^B$

(3) BET Eşitliği $M=Aaw/(1-a_w)(1-Ba_w)$

(4) Oswin Eşitliği $M= A [a_w/(1-a_w)]^B$

(5) Kuhn Eşitliği $M=A(-Lna_w)^B + C$

(6) Filonenko-Chuprin Eşitliği $M=A/(1-Ba_w) + C$

(7) Peleg Eşitliği $M=Aa_w^B + Ca_w^D$

Yukarıda ifade edilen matematiksel modellemelere ait parametreler ve katsayılar; M, denge nemi (g nem/ 100 g KM); M_o, tek tabaka nem değeri (g nem/ 100 g KM); a_w,su aktivite değeri; A,B,C ve D matematiksel model sabitleridir.

2.2.6.1. Su aktivitesinin (a_w) belirlenmesi

Sürülebilir antepfıstığı ezmesinın su aktivite değerinin belirlenmesi için PEC (Proximity Equilibration Cell) yöntemi kullanılmıştır (McCune ve ark. 1981).

15 mmx10 mm ebatlarında hazırlanan filtre kağıtları (Whatman no:42) 130 °C sıcaklıkta etüvde yaklaşık 2 saat süre ile kurutularak sabit ağırlığa gelmesi sağlanmış ve desikkatörde soğutulduktan sonra 0.001 gr hassasiyette tartımı yapılmıştır. Hazırlanan filtre kağıtları özel olarak hazırlanmış olan ve içerisinde kalibrasyon eğrisini belirlemek amacıyla 20 °C ve 4 °C' de su aktivite değerleri bilinen doymuş tuz çözeltileri bulunan cam kapların içerisine yerleştirilmiş ve çözeltilerin dengeye gelmeleri için 24 saat beklenmiştir. Bu süre sonunda filtre kağıtlarının doymuş tuz çözeltilerinden almış oldukları nem miktarları tartım sonucu belirlenmiş ve nem miktarları 100 g toplam madde üzerinden hesaplanmıştır. Bu şekilde doymuş çözeltilerin belirtilen şartlarda 100 g kuru madde üzerinden nem miktarlarının yer aldığı kalibrasyon eğrisi elde edilmiştir. Kalibrasyon eğrisinin oluşturulmasında su aktivite değerleri 0.40 ile 0.98 arasında değişen doymuş tuz çözeltilerinden yararlanılmıştır. Elde edilen veriler kullanılarak soğurma eğrisi çıkarılmış ve aşağıdaki denklem yardımı ile su aktivite değeri hesaplanmıştır (McCune ve ark. 1981).

$$M= a + b\text{Log}(1-a_w)$$

2.2.7. Uygulanan analizler

Örnekler üzerinde üretimden hemen sonra (başlangıç) 0. ve ,30.,60.,90.,120.,150.,180.,210. ve 240. günlerde olmak üzere öngörülen kimyasal analizler yapılmıştır.

2.2.7.1. Nem tayini

Üretimden hemen sonra, darası alınan kurutma kaplarına 0.001 gr hassasiyette alınan örnekler 70 °C' deki vakumlu etüvde sabit ağırlığa gelinceye kadar kurutularak toplam kuru madde ve nem miktarları belirlenmiştir (Anonymous 1983).

2.2.7.2. Yağ tayini

Sürülebilir antepfıstığı ezmesindan 5 g numune 0.001 gram hassasiyetle tartılıp Soxhalet extraksiyon kartuşuna yerleştirilip, çözgen olarak kullanılan petrol eteri ile Soxhalet ekstraksiyon yöntemi ile yağı çıkarılmış ve vakum altında yağ içerisindeki petrol eteri buharlaştırılarak elde edilen yağ, toplam madde üzerinden % olarak hesaplanmıştır (Anonymous 1971).

2.2.7.3. Toplam protein miktarının belirlenmesi

Protein miktarının belirlenmesi için yakma tüplerine 0.1 mg hassasiyetle 0.3 g sürülebilir antepfıstığı ezmesi tartılarak 10 ml salisilik asit-sülfürik asit karışımı, 10 ml H_2O_2 ve 1 adet katalizör tablet (Kjeltab) ilave edilmiştir. Tüpler yakma ünitesine yerleştirilerek 150 °C' de 15 dakika, 250 °C' de 15 dakika ve 350 °C' de, örnekler saydam ve renksiz hale gelinceye kadar yakılmış, 50 ml çift destile su ilave edilerek damıtma ünitesine yerleştirilmiştir. Daha sonra üzerine 40 ml % 40' lık NaOH ilave edilerek, 25 ml borik asit-indikatör karışımının bulunduğu erlene elde edilen damıtma ürünü toplanmış, 0.1 N H_2SO_4 ile titre edilmiştir. Toplam protein miktarı, titrasyon sonunda belirlenen azot miktarının 6.25 faktörü ile çarpılması ile belirlenmiştir (Kacar 1972).

2.2.7.4. Kül miktarı tayini

Sürülebilir antepfıstığı ezmesinden yaklaşık 2-3 g alınarak kül fırını içerisinde 500-550 °C' de gümüş renginde kül elde edilinceye kadar (yaklaşık 3 saat) bekletilmiş ve daha sonra desikkatörde soğutulduktan sonra darası daha önceden belirlenmiş olan porselen krozeler içerisinde % 95' lik etil alkol den 2-3 ml ilave edilerek beyaza yakın kül rengi elde edilinceye kadar kül fırınında yakılmış ve desikkatöre alınmıştır. Desikkatörde soğutulan numune tartılarak % kül miktarı hesaplanmıştır (Altuğ ve ark.1995).

2.2.7.5. Selüloz miktarının belirlenmesi

3 g sürülebilir antepfıstığı ezmesi alınarak üzerine 50 ml % 5' lik H_2SO_4 ilave edilerek 30 dakika süre ile kaynatılmıştır. Kaynatma işleminden sonra filtre kağıdından geçirilerek süzülüp asit reaksiyonunun tamamen kaybolması için saf sıcak su ile yıkanmıştır. Filtre kağıdı üzerinde kalan kısım yıkama yapma suretiyle tekrar behere aktarılmış ve üzerine 50 ml NaOH ve 150 ml saf su ilave edilerek 30 dk süre ile kaynatılmıştır. Kaynatma sonunda elde edilen kısım ağırlığı daha önceden belirlenen filtre kağıdı üzerine aktarılmıştır. Önce saf su ile ve sonra 3 defa % 95' lik etil alkol ve eterle yıkanmış ve filtre kağıdı ile birlikte 110 ^{o}C' de kurutularak 100 gr kuru madde üzerinden ham selüloz miktarı belirlenmiştir (Elgün ve ark. 1998).

2.2.7.6. Serbest yağ asitliği tayini

Serbest yağ asitliği; 5 g numunenin, 50 ml etil alkol-dietil eter (1:1) karışımının çözgen olarak kullanılıp numune ile karıştırılması suretiyle elde edilen ekstraktın, % 1' lik fenolftalein indikatörü varlığında 0.1 N KOH çözeltisi ile titre edilmesi ile belirlenmiştir (Nas ve ark. 1992).

2.2.7.7. Toplam asitlik tayini

10 g sürülebilir antepfıstığı ezmesi 0.001 gr hassasiyetle tartılmış, üzerine 20 ^{o}C' de 50 ml % 67' lik etil alkol ilave edilerek yaklaşık 5 dakika süreyle karıştırılmıştır. Elde edilen karışım filtre kağıdı ile süzülüp, süzüntüden 25 ml alınarak 0.1 N NaOH ile % 3' lük fenolftalein indikatörü ile titre edilmiştir. Kullanılan 0.1 N NaOH miktarı 2 ile çarpılarak elde edilen değer '100 gramdaki asitlik' olarak kabul edilmiştir (Özkaya 1988).

2.2.7.8. Peroksit sayısı

1 g sürülebilir antepfıstığı ezmesi yağı 0.001 g hassasiyetle tartılmış, 2:3 oranında hazırlanan kloroform-asetik asit (buzlu) çözeltisinden 10 ml ilave edilmiş ve 0.2 ml doymuş potasyum iyodür çözeltisi ilave edilerek kuvvetlice çalkalanmıştır. 5 dakika karanlık bir ortamda ağzı hava almayacak şekilde kapalı olarak bekletildikten sonra üzerine 15 ml saf su ve 1 ml % 1' lik nişasta çözeltisi ilave edilerek ortamdaki iyodun serbest hale geçmesi

sağlanmıştır. Serbest duruma gelen iyot, kullanılan % 1' lik nişasta çözeltisine karşı 0.01 N tiyosülfat çözeltisi ile titre edilmiş ve bulunan değer 'kilogramda miliequvalent gram' olarak peroksit sayısını belirtmiştir (Anonymous 1983-a).

2.2.7.9. pH' ın belirlenmesi

Blender yardımıyla yüksek hızda parçalanan sürülebilir antepfıstığı ezmesindan 10 g numune alınarak 100 ml saf su içerisinde süspansiyon haline getirilmiş ve pH metre ile (Hanna HI 9321), oda sıcaklığında berrak kısımlarında ölçüm yapılmıştır(Özkaya ve Kahveci 1990).

2.2.7.10. 2-Tiobarbütrik asit (TBA, A_{530})değerinin belirlenmesi

1 g sürülebilir antepfıstığı ezmesi yağı 0.001 gram hassasiyetle tartılmış ve üzerine 10 ml benzen ilave edilerek çözündürülmüştür. Karışıma daha sonra 10 ml TBA çözeltisi ilave edilmiş ve karışım yaklaşık 4 dakika süre ile vortex mikserinde karıştırılmıştır. Karışım daha sonra ayırma hunisine yerleştirilerek karıştırılmıştır. Ayırma hunisinde üstte kalan tabaka bir pipet yardımıyla uzaklaştırılmış ve elde edilen kısım kaynayan su banyosu içerisinde yaklaşık 30 dakika süre ile bekletilip soğutulduktan sonra 530 nm' de saf suya karşı spektrofotometrede (Hitachi U-2000) absorbans değeri ölçülmüştür (Rudolph ve Odell. 1992).

2.2.7.11. Esmerleşme İndisinin (A_{420}) belirlenmesi

10 g sürülebilir antepfıstığı ezmesi, 10 ml etil alkol (% 95' lik) ile karıştırılmış ve belirli bir süre sonra karışım filtre kağıdından süzülerek elde edilen berrak kısmın 420 nm' de absorbans değeri ölçülmüştür (Shaul 1977).

2.2.7.12 Toplam klorofil ve klorofil a, b değerlerinin belirlenmesi

5 g sürülebilir antepfıstığı ezmesi, % 85' lik aseton içerisinde blender yardımıyla iyice parçalanıp, numune filtre edilmiş ve kalan posa aseton ile yıkanmıştır. Elde edilen süzüntü uygun bir hacme kadar (65 ml) aseton ile seyreltilmiş ve elde edilen karışımdan 50 ml alınıp, içerisinde 50 ml petrol eteri bulunan ayırma hunisine yerleştirilmiştir. Ayırma hunisinde, yağda çözünen pigmentlerin eter tabakasına tamamen geçtiği gözlenene kadar dikkatli bir

şekilde saf su ilave edilmiştir. Ayırma hunisinin alt kısmında biriken su tabakası drenaj edilip atılarak, geri kalan kısım, birinci ayırma hunisinin alt kısmına yerleştirilen ve içerisinde 100 ml saf su bulunan ikinci bir ayırma hunisine aktarılmış ve başlangıçtaki ayırma hunisi petrol eteri ile yıkanarak kalan kısmın da ikinci ayırma hunisine geçmesi sağlanmıştır. Alttaki ayırma hunisindeki su tabakası drene edilip atılmış, daha sonra karışım saf su ile yıkanarak içerisindeki asetonun alt kısımda birikmesi sağlanmış ve elde edilen bu kısım drene edilmiştir. Karışımdaki aseton tamamen uzaklaştırılıncaya kadar saf su ile yıkama yapılmıştır. Elde edilen asetonsuz kısım petrol eteri ile 100 ml hacme kadar seyreltilip karıştırılmış ve 642.5 nm ve 660 nm' de absorbans değeri spektrofotometrede (Hitachi U-2000) ölçülmüştür (Gould.1976).

Toplam klorofil miktarı ile birlikte, klorofil a ve b değerlerinin hesaplanmasında aşağıdaki formül kullanılmıştır:

Toplam Klorofil = 7.12 Log I_o/I (660 nm) + 16.8 LogI_o/I (642.5 nm)

Klorofil a = 9.93 LogI_o/I (660 nm) – 0.77 LogI_o/I (642.5 nm)

Klorofil b = 17.6 LogI_o/I (660 nm) – 2.81 LogI_o/I (642.5 nm)

2.2.7.13. CIE L, a ve b değerlerinin belirlenmesi

50 g sürülebilir antepfıstığı ezmesi renk ölçüm haznesi içerisine yerleştirilmiş ve 3 farklı formülasyondaki numunelerin L, a ve b değerleri ölçülmüştür.

2.2.8. Duyusal değerlendirme

Duyusal değerlendirme işlemi, sürülebilir özellikte antepfıstığı ezmeleri, üretim başlangıcında ve depolanmasının 30., 60.,90.,120.,150. günlerin de yapılmıştır. Antepfıstığı ezmeleri numaralandırılmış ve beyaz zemin üzerinde panelistlere (10 panelist) sunulmuştur.

Sürülebilir özellikteki antepfıstığı ezmesi için yapılan duyusal değerlendirmelerde koku, renk, tekstür, ağızda bıraktığı his, tat-aroma üzerinden toplam 5 puan üzerinden olmak üzere değerlendirme yapılmıştır.

2.2.9. İstatistiksel analiz

Üç farklı formülasyon ile üretilen sürülebilir antepfıstığı ezmeleri üzerinde; depolama periyodunun etkisi 30' ar günlük aralıklarla 9 seviyede; depolama sıcaklığının etkisi ise 4 °C ve 20 °C' de olmak üzere iki farklı seviyede incelenmiş ve cam kavanozlarda ambalajlama yapılarak denemeler üç tekerrür üzerinde yürütülmüştür. Elde edilen sonuçlar LSD çoklu karşılaştırma testine tabi tutularak istatistiksel olarak önemli bulunan ($P < 0.05$ seviyesinde), varyasyon kaynakları ve bunlar arasındaki interaksiyonlar incelenerek tespit edilmiştir.

3. ARAŞTIRMA BULGULARI VE TARTIŞMA

Sürülebilir özellikte antepfıstığı ezmesi üretiminde üretim başlangıcında yapılan analiz sonuçları ve üretimde kullanılan maddelerin genel bileşim değerleri Çizelge 3.1' de verilmiştir. Sürülebilir antepfıstığı ezmesi üretiminde şeker (% 30), vanilin (% 0.3), süt tozu (% 6) ve lesitin (% 0.3) oranları sabit tutularak üretim gerçekleştirilmiştir.

Çizelge 3.1 Sürülebilir antepfıstığı ezmesinın bileşenleri ve üretimde yer alan maddelerin ortalama değerleri

Bileşenler	Antepfıstığı mik. (%)		
	5 %	10 %	15 %
Nem	9.667	9772	9.819
Protein			
Kül	1.202	1.245	1.258
Yağ	28.174	29.926	31.027
Şeker	30	30	30
Süt Tozu	6	6	6
Vanilin	0.3	0.3	0.3
Lesitin	0.3	0.3	0.3

3.1 Nem izotermi

Sürülebilir özellikteki antepfıstığı ezmesinin 4 ve 20 °C de nem izoterminin elde edilmesinde farklı su aktivite değerlerindeki tuz çözeltilerinden yararlanılmış ve kullanılan tuz çözeltiler ve 3 farklı formülasyondaki antepfıstığı ezmesinin kazanmış oldukları nem değerleri (g H_2O/100 g KM) Çizelge 3.3' de verilmiştir.

Çizelge 3.1.1 4 ve 20 C de sürülebilir antepfıstığı ezmesinin farklı su aktivite değerlerinde kazanmış oldukları nem miktarları (g/100 g km)

a_w	4 °C			a_w	20 °C		
	5%	10%	15%		5%	10%	15%
0.1434	3.431	3.986	2.567	0.2311	3.547	3.246	4.619
0.3360	4.393	4.179	4.347	0.3307	4.393	3.414	5.098
0.4313	5.412	5.543	6.479	0.4316	5.411	5.164	5.786
0.5886	8.691	9.245	8.689	0.5438	9.857	12.644	13.214
0.7857	13.657	14.146	16.389	0.7536	14.653	17.169	18.346
0.8242	22.347	22.046	24.312	0.8134	23.546	25.527	24.897
0.8767	29.598	30.243	32.337	0.8511	30.213	31.246	33.924

Çizelge 3.1.2. 4 ve 20 C de sürülebilir antepfıstığı ezmesinın matematiksel modellere bağlı olarak elde edilen regresyon katsayıları ve sabit katsayı değerleri

Denklem	Katsayılar	Form.	Sıcaklık					
			4 °C			20 °C		
			% 5	% 10	% 15	% 5	% 10	% 15
BET	r^2		0.916	0.921	0.953	0.865	0.565	0.823
	M_o		35.435	35.997	40.535	44.424	51.466	50.352
	C		13.97	15.60	6.543	4.493	2.405	5.578
Henderson	r^2		0.887	0.855	0.950	0.960	0.951	0.938
	A		1.1533	1.1813	1.2320	1.2481	1.3108	1.4588
	B		0.835	0.801	0.968	1.084	1.218	1.038
Halsey	r^2		0.977	0.961	0.993	0.982	0.949	0.958
	A		5.1153	5.3883	4.8951	5.0240	6.1119	4.7647
	B		-0.824	-0.799	-0.931	-0.962	-0.921	-0.1067
Oswin	r^2		0.944	0.920	0.984	0.978	0.955	0.954
	A		7.6388	7.9505	7.6694	7.6771	7.6083	9.1728
	B		0.596	0.575	0.681	0.731	0.815	0.700
Kuhn	r^2		0.7654	0.7618	0.8052	0.8465	0.8969	0.8677
	A		19.950	20.135	22.314	18.088	18.805	19.322
	B		-8.042	-8.103	-7.823	-5.806	-5.389	-5.602
	C		-42.686	-42.538	-46.462	-32.504	-32.396	-34.011
Fılonenko-Chuprin	r^2		0.9799	0.9841	0.9900	0.9872	0.9726	0.9748
	A		2.822	3.142	2.232	2.796	1.264	3.515
	B		-2.236	-0.5466	-2.266	-1.076	-5.691	-1.365
	C		1.010	1.018	3.653	1.031	3.467	1.010
Peleg	r^2		0.9817	0.9836	0.9925	0.9914	0.9806	0.9851
	A		20.316	21.477	19.971	9.916	12.236	34.913
	B		9.668	2.729	9.239	3.566	4.710	6.132
	C		9.864	2.783	3.321	4.727	7.627	7.391
	D		2.281	2.236	3.066	1.181	1.678	1.445

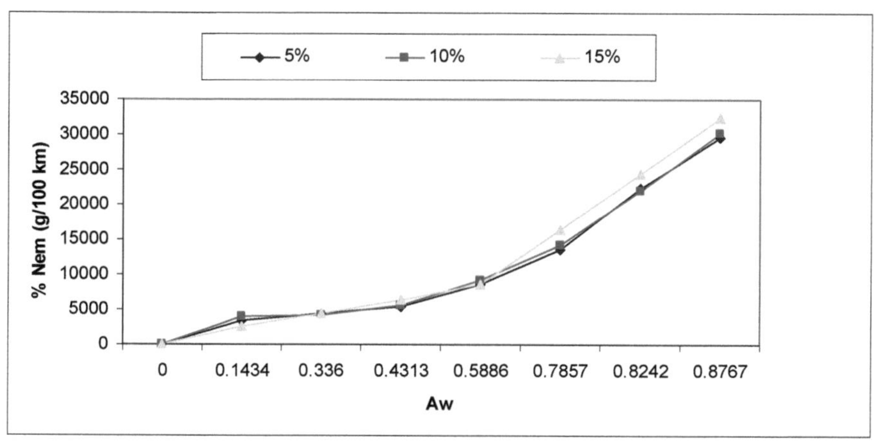

Şekil 3.1.1 Sürülebilir antepfıstığı ezmesinın 4 °C de elde edilen nem soğurma eğrileri

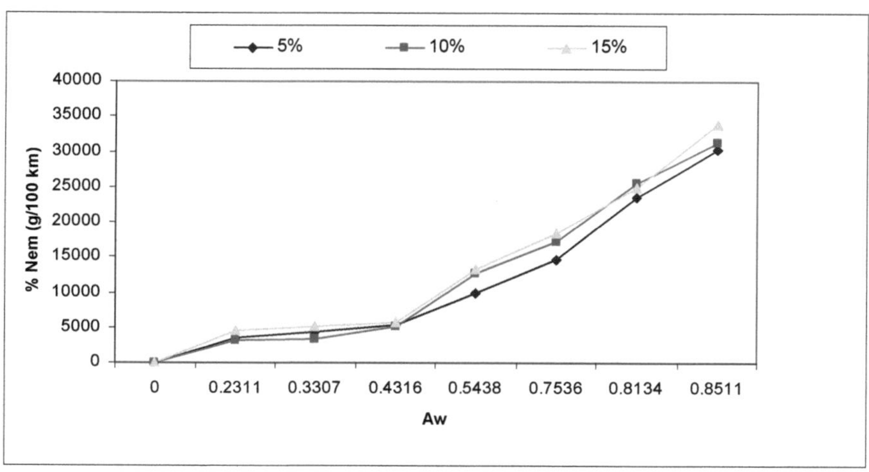

Şekil 3.1.2 Sürülebilir antepfıstığı ezmesinın 20 °C de elde edilen nem soğurma eğrileri

Sürülebilir özellikteki antepfıstığı ezmesinin nem izotermine bağlı olarak elde edilen değerlerin Halsey, Henderson ve Oswin eşitliklerine bağlı olarak elde edilen grafikler Şekil 3.1.3, 3.1.4, 3.1.5, 3.1.6, 3.1.7, 3.1.8' de verilmiştir. Bu denklemler lineerize edilebildiğinden denklemler yeniden düzenlenerek regresyon katsayıları ve denklemlere ait sabit değerler belirlenmiştir. Lineer olmayan Kuhn, Filonenko-Chuprin ve Peleg modelleri için Sigma Plot 2000 programı kullanılarak regresyon katsayıları ve denklem parametreleri belirlenmiştir.

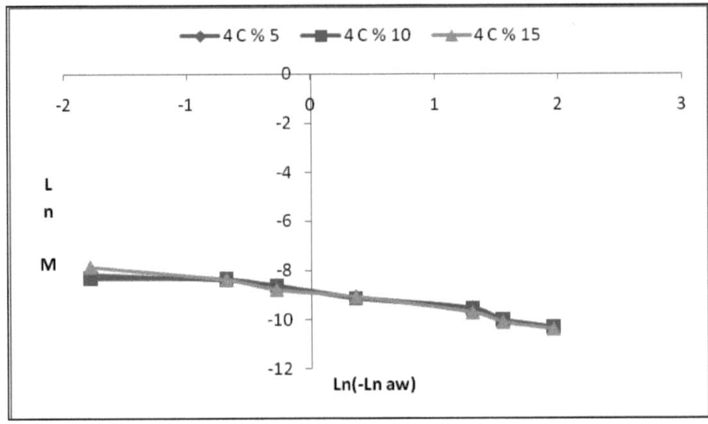

Şekil 3.1.3 Sürülebilir antepfıstığı ezmesinin 4 °C de Halsey eşitliğine bağlı olarak elde edilen regresyon grafiği

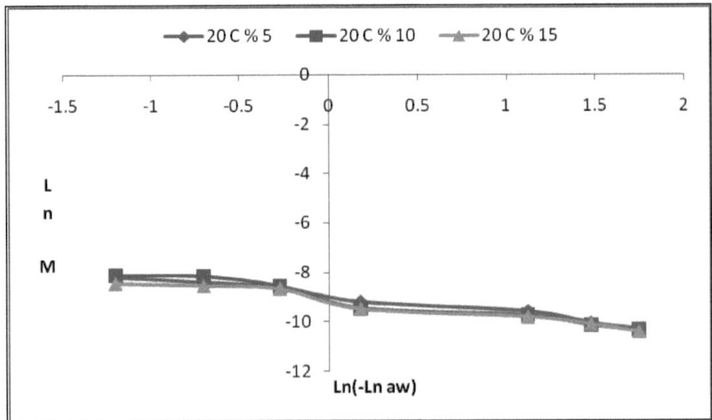

Şekil 3.1.4 Sürülebilir antepfıstığı ezmesinin 20 °C de Halsey eşitliğine bağlı olarak elde edilen regresyon grafiği

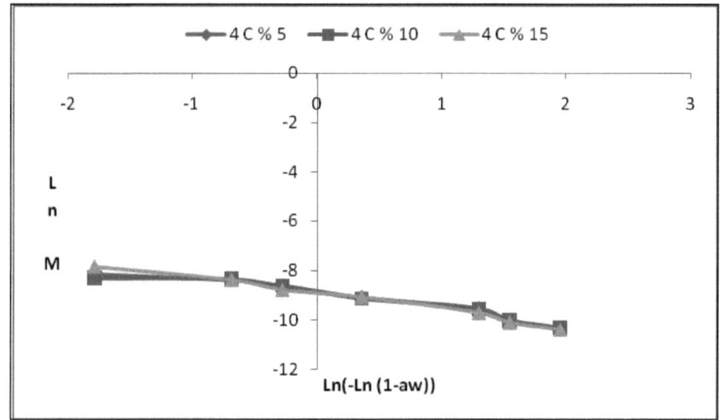

Şekil 3.1.5 Sürülebilir antepfıstığı ezmesinin 4 °C de Henderson eşitliğine bağlı olarak elde edilen regresyon grafiği

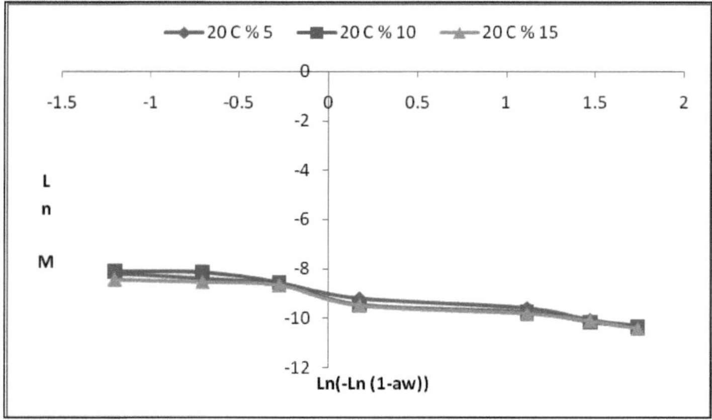

Şekil 3.1.6 Sürülebilir antepfıstığı ezmesinin 20 °C de Henderson eşitliğine bağlı olarak elde edilen regresyon grafiği

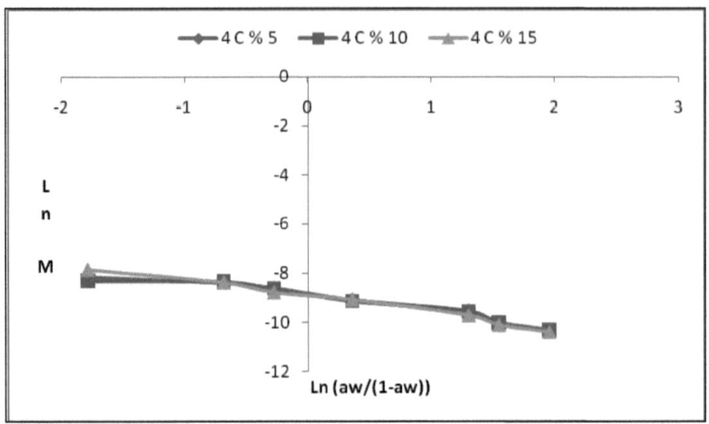

Şekil 3.1.7 Sürülebilir antepfıstığı ezmesinin 4 °C de Oswin eşitliğine bağlı olarak elde edilen regresyon grafiği

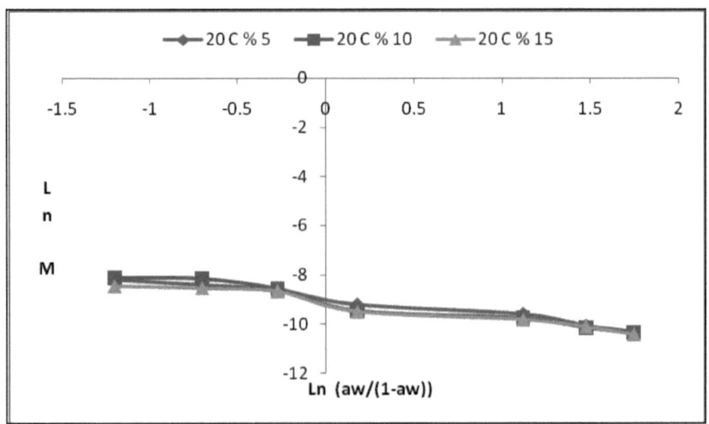

Şekil 3.1.8 Sürülebilir antepfıstığı ezmesinin 20 °C de Oswin eşitliğine bağlı olarak elde edilen regresyon grafiği

3.2 Sürülebilir antepfıstığı ezmesinin depolama süresince nem değişimi (%)

Sürülebilir özellikteki antepfıstığı ezmesinin depolama periyodu boyunca ölçülen nem değerleri Çizelge 3.1.1' de verilmiştir. Üretim başlangıcında sürülebilir özellikteki antepfıstığı ezmesinin üretim başlangıcındaki nem değerleri % 5, 10, ve 15 formülasyonda üretilen ezmeler için sırasıyla % 9.667, 9.777 ve 9.819 olduğu belirlenmiş ve cam kavanozlarda 4 ve 20 °C de muhafaza edilen ezmelerin nem değerlerinin 8 aylık depolama sonundaki nem değerlerinin ise % 9.375 ile 9.458 arasında değiştiği belirlenmiştir.

Çizelge 3.2.1 Sürülebilir antepfıstığı ezmesinın depolama periyodu boyunca 4 ve 20 °C deki nem değişimi (%)

	Depolama Periyodu (ay)	Depolama sıcaklığı (C)					
		4 °C			20 °C		
		%5	%10	%15	%5	%10	%15
Nem (%)	0.	9.667	9.777	9.819	9.667	9.777	9.819
	1.	9.627	9.62	9.655	9.520	9.68	9.766
	2.	9.529	9.547	9.572	9.489	9.492	9.622
	3.	9.486	9.518	9.47	9.423	9.415	9.563
	4.	9.446	9.501	9.463	9.419	9.408	9.547
	5.	9.445	9.486	9.457	9.406	9.400	9.507
	6.	9.431	9.472	9.451	9.398	9.39	9.481
	7.	9.406	9.462	9.446	9.396	9.385	9.470
	8.	9.397	9.451	9.436	9.387	9.375	9.458

Sürülebilir özellikteki antepfıstığı ezmesinin nem değişim grafiği Şekil 3.1.1' de verilmiştir.

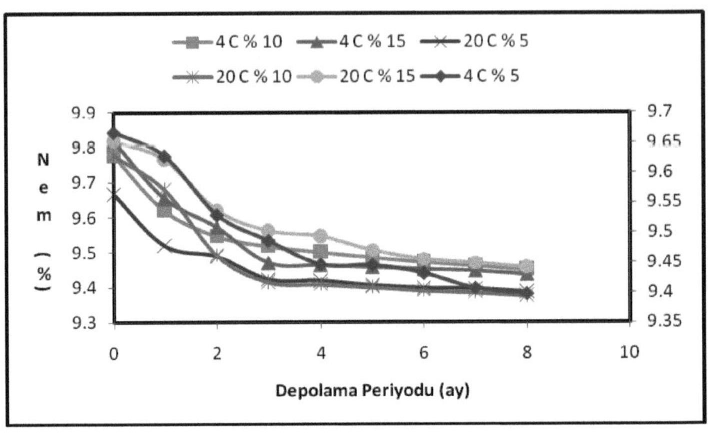

Şekil 3.2.1 Sürülebilir antepfıstığı ezmesinın 4 ve 20 °C de elde edilen nem değerleri (%)

3.3 Sürülebilir antepfıstığı ezmesinin depolama süresince PO (meq/kg) değişimi

Sürülebilir özellikteki antepfıstığı ezmesinin depolama periyodu boyunca ölçülen PO (meq/kg) değerleri Çizelge 3.2.1' de verilmiştir. Üretim başlangıcında sürülebilir özellikteki antepfıstığı ezmesinin üretim başlangıcındaki PO (meq/kg) değerleri % 5, 10, ve 15 formülasyonda üretilen ezmeler için sırasıyla 0.0775,0.0888 ve 0.0953 meq/kg olduğu belirlenmiş ve cam kavanozlarda 4 ve 20 °C de muhafaza edilen ezmelerin PO (meq/kg) değerlerinin 8 aylık depolama sonundaki değerlerinin ise 0.4951 meq/kg ile 0.5965 meq/kg arasında değişim gösterdiği belirlenmiştir.

Çizelge 3.3.1 Sürülebilir antepfıstığı ezmesinın depolama periyodu boyunca 4 ve 20 °C deki PO (meq/kg) değişimi

	Depolama Periyodu (ay)	Depolama sıcaklığı (C)					
		4 °C			20 °C		
		%5	%10	%15	%5	%10	%15
PO (meq/kg)	0.	0.0775	0.0888	0.0953	0.0775	0.0888	0.0953
	1.	0.1844	0.1728	0.124	0.1258	0.1381	0.1446
	2.	0.2667	0.2443	0.2543	0.2802	0.2943	0.2979
	3.	0.4228	0.4973	0.488	0.4954	0.4946	0.4753
	4.	0.4332	0.4982	0.5014	0.4973	0.5061	0.5101
	5.	0.4685	0.5033	0.5146	0.5014	0.5151	0.5245
	6.	0.4697	0.5134	0.523	0.5068	0.5186	0.5300
	7.	0.4712	0.5193	0.5432	0.5146	0.534	0.5652
	8.	0.4951	0.5246	0.5633	0.5248	0.5563	0.5965

Sürülebilir özellikteki antepfıstığı ezmesinin depolama periyodu boyunca sahip olduğu PO (meq/kg) değerleri Şekil. 3.2.1' de verilmiştir.

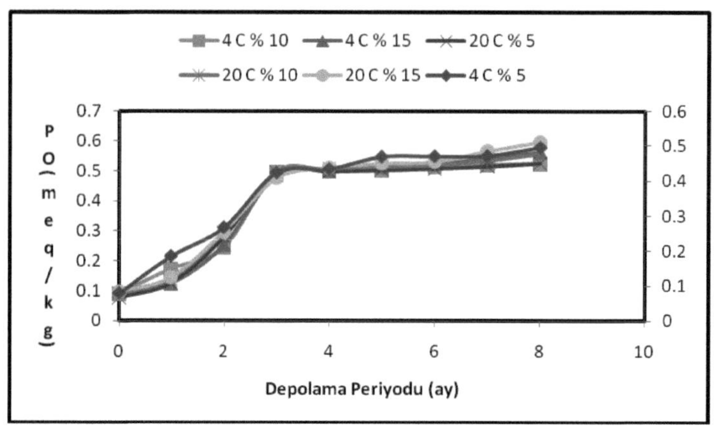

Şekil 3.3.1 Sürülebilir antepfıstığı ezmesinın 4 ve 20 °C de elde edilen PO (meq/kg) değerleri

3.4 Sürülebilir antepfıstığı ezmesinin depolama süresince TBA (A_{530}) değişimi

Sürülebilir özellikteki antepfıstığı ezmesinin depolama periyodu boyunca ölçülen 2-tiobarbutrik asit (TBA, A_{530}) değerleri Çizelge 3.3.1' de verilmiştir. Üretim başlangıcında sürülebilir özellikteki antepfıstığı ezmesinin üretim başlangıcındaki TBA değerleri % 5, 10, ve 15 formülasyonda üretilen ezmeler için sırasıyla 0.121,0.124 ve 0.129 olduğu belirlenmiş ve cam kavanozlarda 4 ve 20 °C de muhafaza edilen ezmelerin nem değerlerinin 8 aylık depolama sonundaki TBA değerlerinin ise 0.253 ile 0.295 arasında değişim gösterdiği belirlenmiştir.

Çizelge 3.4.1 Sürülebilir antepfıstığı ezmesinın depolama periyodu boyunca 4 ve 20 °C deki TBA değişimi

	Depolama Periyodu (ay)	Depolama sıcaklığı (C)					
		4 C			20 C		
		%5	%10	%15	%5	%10	%15
TBA (A_{530})	0.	0.121	0.124	0.129	0.121	0.124	0.129
	1.	0.141	0.157	0.141	0.171	0.204	0.222
	2.	0.163	0.159	0.168	0.224	0.208	0.223
	3.	0.219	0.212	0.228	0.226	0.223	0.223
	4.	0.219	0.214	0.229	0.227	0.225	0.228
	5.	0.231	0.228	0.243	0.232	0.235	0.249
	6.	0.238	0.246	0.253	0.242	0.249	0.269
	7.	0.244	0.252	0.261	0.251	0.268	0.291
	8.	0.253	0.264	0.282	0.261	0.278	0.295

Sürülebilir özellikteki antepfıstığı ezmesinin depolama periyodu boyunca sahip oldukları 2-tiobarbutrik asit (TBA) değerleri (A_{530}) Şekil 3.3.1' de verilmiştir.

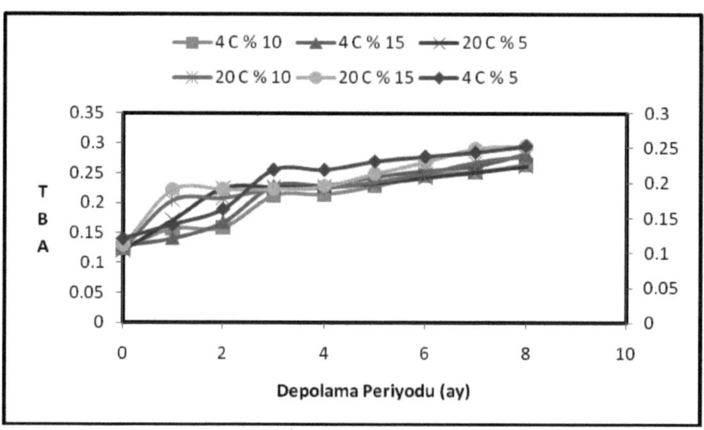

Şekil 3.4.1 Sürülebilir antepfıstığı ezmesinın 4 ve 20 °C de elde edilen TBA değerleri (530 nm)

3.5 Sürülebilir antepfıstığı ezmesinin depolama süresince toplam asitlik (TA %) değişimi

Sürülebilir özellikteki antepfıstığı ezmesinin depolama periyodu boyunca ölçülen toplam asitlik (%) değerleri Çizelge 3.4.1' de verilmiştir. Üretim başlangıcında sürülebilir özellikteki antepfıstığı ezmesinin üretim başlangıcındaki toplam asitlik değerleri % 5, 10, ve 15 formülasyonda üretilen ezmeler için sırasıyla % 1.242,1.411 ve 1.424 olduğu belirlenmiş ve cam kavanozlarda 4 ve 20 °C de muhafaza edilen ezmelerin toplam asitlik değerlerinin 8 aylık depolama sonundaki değerlerinin ise % 1.5399 ile 1.8852 arasında değiştiği belirlenmiştir.

Çizelge 3.5.1 Sürülebilir antepfıstığı ezmesinın depolama periyodu boyunca 4 ve 20 °C deki TA (%) değişimi

	Depolama Periyodu (ay)	Depolama sıcaklığı (C)					
		4 C			20 C		
		%5	%10	%15	%5	%10	%15
TA (%)	0.	1.242	1.411	1.424	1.242	1.411	1.424
	1.	1.459	1.4025	1.4975	1.384	1.3834	1.5843
	2.	1.489	1.5451	1.5642	1.4446	1.6092	1.6603
	3.	1.5174	1.6963	1.8034	1.524	1.8078	1.8563
	4.	1.5186	1.6992	1.8090	1.5282	1.8114	1.8592
	5.	1.524	1.7033	1.8100	1.5322	1.8176	1.8621
	6.	1.5256	1.7085	1.8127	1.5416	1.8205	1.8783
	7.	1.5307	1.7138	1.8217	1.5565	1.8337	1.8807
	8.	1.5399	1.7234	1.8312	1.5733	1.8444	1.8852

Sürülebilir özellikteki antepfıstığı ezmesinin depolama periyodu boyunca sahip oldukları toplam asitlik (%) değerleri Şekil 3.4.1' de verilmiştir.

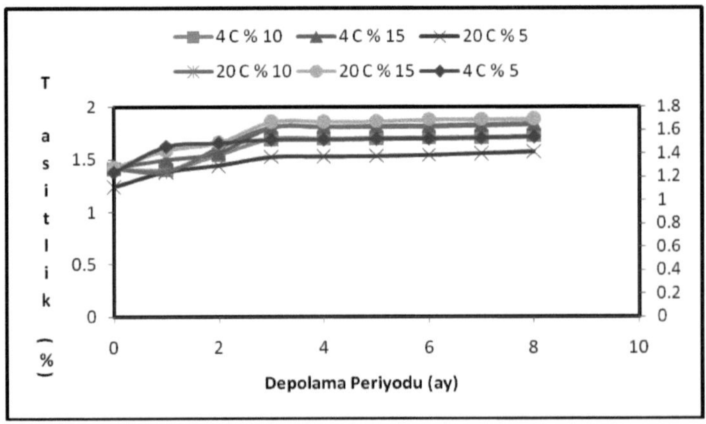

Şekil 3.5.1 Sürülebilir antepfıstığı ezmesinın 4 ve 20 °C de elde edilen TA (%) değerleri

3.6 Sürülebilir antepfıstığı ezmesinin depolama süresince serbest asitlik (SA%) değişimi

Sürülebilir özellikteki antepfıstığı ezmesinin depolama periyodu boyunca ölçülen serbest asitlik (%) değerleri Çizelge 3.5.1' de verilmiştir. Üretim başlangıcında sürülebilir özellikteki antepfıstığı ezmesinin üretim başlangıcındaki serbest asitlik değerleri % 5, 10, ve 15 formülasyonda üretilen ezmeler için sırasıyla % 0.2689,0.2632 ve 0.2964 olduğu belirlenmiş ve cam kavanozlarda 4 ve 20 °C de muhafaza edilen ezmelerin serbest asitlik değerlerinin 8 aylık depolama sonundaki değerlerinin ise % 0.5037 ile 0.7418 arasında değişim gösterdiği belirlenmiştir.

Çizelge 3.6.1 Sürülebilir antepfıstığı ezmesinın depolama periyodu boyunca 4 ve 20 C deki SA (%) değişimi

	Depolama Periyodu (ay)	Depolama sıcaklığı (C)					
		4 °C			20 °C		
		%5	%10	%15	%5	%10	%15
SA (%)	0.	0.2689	0.2632	0.2964	0.2689	0.2632	0.2964
	1.	0.3005	0.2862	0.3272	0.3208	0.3194	0.3377
	2.	0.354	0.3495	0.3812	0.4144	0.4347	0.4346
	3.	0.4738	0.4376	0.5805	0.6498	0.6823	0.6831
	4.	0.4822	0.4622	0.5883	0.6506	0.6866	0.7092
	5.	0.4844	0.4933	0.6123	0.6592	0.6959	0.7109
	6.	0.4903	0.5006	0.6185	0.6603	0.6991	0.7297
	7.	0.4961	0.5146	0.6203	0.6736	0.7033	0.7341
	8.	0.5037	0.5246	0.6345	0.6941	0.7138	0.7418

Sürülebilir özellikteki antepfıstığı ezmesinin depolama periyodu boyunca sahip oldukları serbest asitlik (%) değerleri Şekil 3.5.1' de verilmiştir.

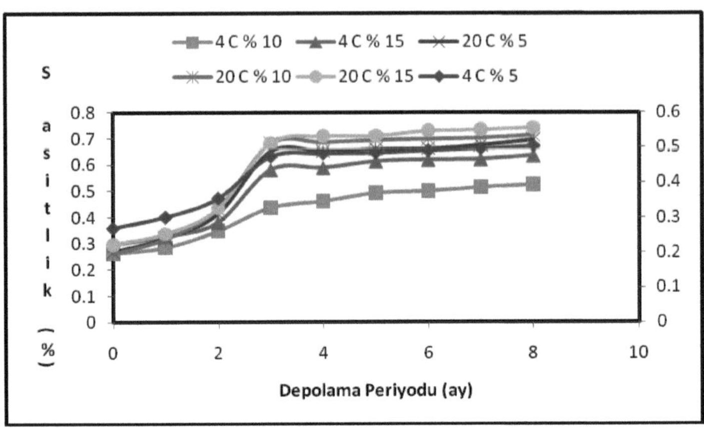

Şekil 3.6.1 Sürülebilir antepfıstığı ezmesinın 4 ve 20 °C de elde edilen SA (%) değerleri

3.7 Sürülebilir antepfıstığı ezmesinın depolama süresince esmerleşme indisi (A $_{420}$) değişimi

Sürülebilir özellikteki antepfıstığı ezmesinin depolama periyodu boyunca ölçülen esmerleşme indisi değişimi Çizelge 3.6.1' de verilmiştir. Üretim başlangıcında sürülebilir özellikteki antepfıstığı ezmesinin üretim başlangıcındaki esmerleşme indisi (A $_{420}$) değerlerinin % 5, 10, ve 15 formülasyonda üretilen ezmeler için sırasıyla 0.279,0.359 ve 0.466 olduğu belirlenmiş ve cam kavanozlarda 4 ve 20 °C de muhafaza edilen ezmelerin esmerleşme indisi değerlerinin 8 aylık depolama sonundaki değerlerinin ise 0.466 ile 0.601 arasında değişim gösterdiği belirlenmiştir.

Çizelge 3.7.1 Sürülebilir antepfıstığı ezmesinın depolama periyodu boyunca 4 ve 20 °C deki Esmerleşme İndisi değişimi

	Depolama Periyodu (ay)	Depolama sıcaklığı (C)					
		4 °C			20 °C		
		%5	%10	%15	%5	%10	%15
Es.In (A_{420})	0.	0.279	0.359	0.466	0.279	0.359	0.466
	1.	0.349	0.371	0.463	0.383	0.39	0.489
	2.	0.418	0.402	0.472	0.412	0.434	0.491
	3.	0.43	0.448	0.483	0.435	0.47	0.496
	4.	0.436	0.458	0.49	0.442	0.48	0.524
	5.	0.44	0.463	0.498	0.452	0.512	0.539
	6.	0.442	0.467	0.502	0.456	0.518	0.55
	7.	0.452	0.474	0.524	0.464	0.534	0.58
	8.	0.466	0.484	0.534	0.477	0.547	0.601

Sürülebilir özellikteki antepfıstığı ezmesinin depolama periyodu boyunca sahip oldukları esmerleşme indisi (A_{420}) değerleri Şekil 3.7.1' de verilmiştir.

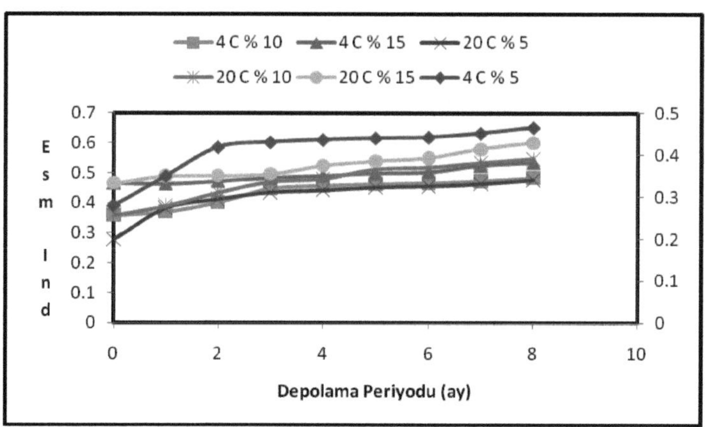

Şekil 3.7.1 Sürülebilir antepfıstığı ezmesinın 4 ve 20 °C de elde edilen Es. Ind değerleri (420 nm)

3.8 Sürülebilir antepfıstığı ezmesinin depolama süresince pH değişimi

Sürülebilir özellikteki antepfıstığı ezmesinin depolama periyodu boyunca ölçülen pH değerleri Çizelge 3.7.1' de verilmiştir. Üretim başlangıcında sürülebilir özellikteki antepfıstığı ezmesinin üretim başlangıcındaki pH değerleri % 5, 10, ve 15 formülasyonda üretilen ezmeler için sırasıyla 6.72,6.75 ve 6.76 olduğu belirlenmiş ve cam kavanozlarda 4 ve 20 °C de muhafaza edilen ezmelerin toplam asitlik değerlerinin 8 aylık depolama sonundaki değerlerinin ise 5.94 ile 5.87 arasında değişim gösterdiği belirlenmiştir.

Çizelge 3.8.1 Sürülebilir antepfıstığı ezmesinın depolama periyodu boyunca 4 ve 20 °C deki pH değişimi

	Depolama Periyodu (ay)	Depolama sıcaklığı (C)					
		4 °C			20 °C		
		%5	%10	%15	%5	%10	%15
pH	0.	6.72	6.75	6.76	6.72	6.75	6.76
	1.	6.6	6.65	6.67	6.31	6.26	6.22
	2.	6.23	6.15	6.08	6.17	6.06	6.00
	3.	6.17	6.11	6.10	6.15	5.97	6.00
	4.	6.12	6.08	6.08	6.13	6.00	5.99
	5.	6.09	6.08	6.06	6.11	5.98	5.97
	6.	6.08	6.07	6.05	6.04	5.96	5.95
	7.	6.03	6.00	6.00	5.99	5.92	5.90
	8.	5.99	5.97	5.94	5.94	5.89	5.87

Sürülebilir özellikteki antepfıstığı ezmesinin depolama periyodu boyunca sahip oldukları pH değerlerinin değişimi Şekil 3.7.1' de verilmiştir.

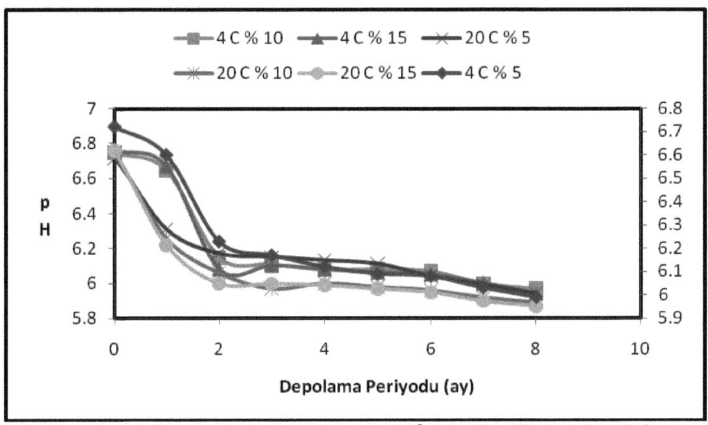

Şekil 3.8.1 Sürülebilir antepfıstığı ezmesinin 4 ve 20 °C de elde edilen pH değerleri

3.9 Sürülebilir antepfıstığı ezmesinin depolama süresince toplam klorofil, a, b değerleri değişimi

Sürülebilir özellikteki antepfıstığı ezmesinin depolama periyodu boyunca ölçülen Toplam klorofil, klorofil a ve klorofil b değerleri Çizelge 3.8.1, 3.8.2 ve 3.8.3' de verilmiştir. Üretim başlangıcında sürülebilir özellikteki antepfıstığı ezmesinin üretim başlangıcındaki toplam klorofil değerleri % 5, 10, ve 15 formülasyonda üretilen ezmeler için sırasıyla 9.487,12.374 ve 15.169 olduğu belirlenmiş ve cam kavanozlarda 4 ve 20 °C de muhafaza edilen ezmelerin toplam klorofil değerlerinin 8 aylık depolama sonundaki değerlerinin ise 5.894 ile 10.447 arasında değişim gösterdiği belirlenmiştir.

Sürülebilir özellikteki antepfıstığı ezmesinin depolama periyodu boyunca sahip oldukları toplam klorofil, klorofil a ve klorofil b bileşen değerlerinin değişimi sırasıyla Şekil 3.8.1, 3.8.2 ve 3.8.3' de verilmiştir.

Çizelge 3.9.1 Sürülebilir antepfıstığı ezmesinın depolama periyodu boyunca 4 ve 20 °C deki toplam klorofil değişimi

	Depolama Periyodu (ay)	Depolama sıcaklığı (C)					
		4 °C			20 °C		
		%5	%10	%15	%5	%10	%15
Toplam Klorofil	0.	9.487	12.374	15.169	9.487	12.374	15.169
	1.	8.743	10.984	14.679	8.107	10.947	12.875
	2.	8.438	10.657	12.247	7.704	8.536	11.960
	3.	7.884	9.358	11.660	7.649	7.457	8.865
	4.	7.534	9.314	11.429	7.514	7.137	8.479
	5.	7.412	9.247	11.127	7.426	6.892	8.267
	6.	7.239	9.188	11.014	7.267	6.627	7.991
	7.	7.024	9.089	10.894	7.183	6.261	7.654
	8.	6.997	8.994	10.447	6.884	5.894	7.423

Çizelge 3.9.2 Sürülebilir antepfıstığı ezmesinın depolama periyodu boyunca 4 ve 20 °C deki klorofil a değişimi

	Depolama Periyodu (ay)	Depolama sıcaklığı (C)					
		4 °C			20 °C		
		%5	%10	%15	%5	%10	%15
Klorofil a	0.	4.569	5.347	6.602	4.569	5.347	6.602
	1.	3.439	4.547	6.197	4.213	4.567	5.418
	2.	3.017	4.237	4.874	3.348	4.487	4.908
	3.	2.954	3.349	4.489	2.824	3.561	4.237
	4.	2.916	3.283	4.318	2.776	3.499	3.487
	5.	2.874	3.147	4.274	2.687	3.426	3.237
	6.	2.776	3.019	4.185	2.614	3.409	3.028
	7.	2.648	2.967	4.089	2.594	3.377	2.886
	8.	2.618	2.954	3.974	2.547	3.319	2.749

Çizelge 3.9.3 Sürülebilir antepfıstığı ezmesinın depolama periyodu boyunca 4 ve 20 °C deki klorofil b değişimi

	Depolama Periyodu (ay)	Depolama sıcaklığı (C)					
		4 °C			20 °C		
		%5	%10	%15	%5	%10	%15
Klorofil b	0.	7.657	6.217	8.543	7.657	6.217	8.543
	1.	6.127	5.287	7.357	6.883	5.783	8.329
	2.	5.249	4.612	5.887	6.648	5.478	7.148
	3.	4.658	3.857	4.978	5.553	5.394	6.271
	4.	4.649	3.815	4.887	5.471	5.374	5.874
	5.	4.523	3.647	4.713	5.382	5.217	5.347
	6.	4.449	3.613	4.597	5.317	5.109	4.974
	7.	4.388	3.497	4.539	5.268	5.087	4.487
	8.	4.357	3.443	4.423	5.254	4.886	4.087

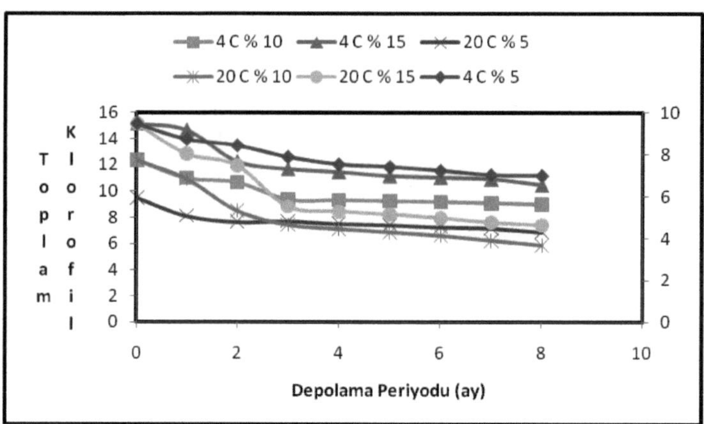

Şekil 3.9.1 Sürülebilir antepfıstığı ezmesinın 4 ve 20 °C de elde edilen T. Klorofil değerleri

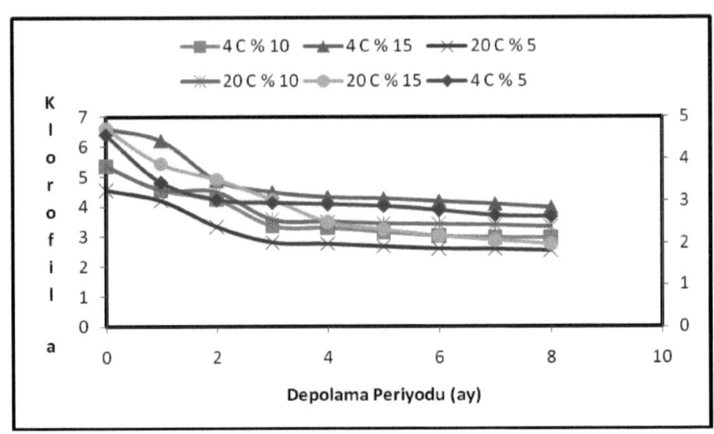

Şekil 3.9.2 Sürülebilir antepfıstığı ezmesinın 4 ve 20 °C de elde edilen klorofil a değerleri

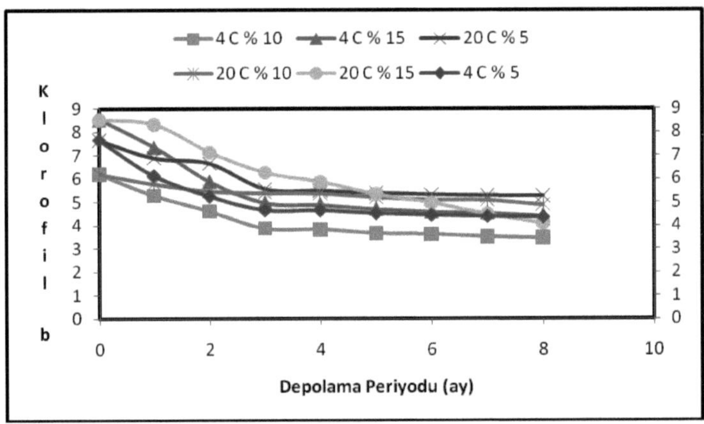

Şekil 3.9.3 Sürülebilir antepfıstığı ezmesinın 4 ve 20 °C de elde edilen klorofil b değerleri

3.10. C.I.E L, a ve b değerleri

Sürülebilir özellikteki antepfıstığı ezmesinin depolama periyodu boyunca ölçülen C.I.E L, a ve b değerleri Çizelge 3.9.1, 3.9.2 ve 3.9.3' de verilmiştir. Üretim başlangıcında sürülebilir özellikteki antepfıstığı ezmesinin üretim başlangıcındaki C.I.E L değerleri % 5, 10, ve 15 formülasyonda üretilen ezmeler için sırasıyla 48.99,44.76 ve 43.24 olduğu belirlenmiş ve cam kavanozlarda 4 ve 20 °C de muhafaza edilen ezmelerin L değerlerinin 8 aylık depolama sonundaki değerlerinin ise 27.88 ile 36.49 arasında değiştiği belirlenmiştir.

Çizelge 3.10.1 Sürülebilir antepfıstığı ezmesinın depolama periyodu boyunca 4 ve 20 °C deki C.I.E L değişimi

	Depolama Periyodu (ay)	Depolama sıcaklığı (C)					
		4 °C			20 °C		
		%5	%10	%15	%5	%10	%15
L	0.	48.99	44.76	43.24	48.99	44.76	43.24
	1.	48.67	44.53	40.42	48.9	39.91	35.29
	2.	45.87	42.29	40.36	44.19	38.09	34.56
	3.	44.19	40.19	36.58	42.15	35.72	34.08
	4.	43.43	39.12	35.89	41.31	35.69	33.23
	5.	42.24	38.12	35.53	40.84	35.59	31.97
	6.	40.98	37.24	35.15	40.14	34.04	29.97
	7.	36.70	34.12	33.39	39.73	34.04	28.95
	8.	36.49	33.89	32.27	39.41	31.51	27.88

Üretim başlangıcında sürülebilir özellikteki antepfıstığı ezmesinin üretim başlangıcındaki C.I.E a değerleri % 5, 10, ve 15 formülasyonda üretilen ezmeler için sırasıyla -1.56, -1.77 ve -1.83 olduğu belirlenmiş ve cam kavanozlarda 4 ve 20 °C de muhafaza edilen ezmelerin a değerlerinin 8 aylık depolama sonundaki değerlerinin ise 0.87 ile 2.94 arasında değiştiği belirlenmiştir. L değeri depolama süresi boyunca 4 ve 20 °C sıcaklıklarda tüm formülasyonlarda üretilen ezmelerde düşüş göstermiş ve en fazla değişim 20 °C de % 15 lik formülasyonda üretilen ezmelerde gözlenmiştir.

Çizelge 3.10.2 Sürülebilir antepfıstığı ezmesinın depolama periyodu boyunca 4 ve 20 °C deki C.I.E a değişimi

	Depolama Periyodu (ay)	Depolama sıcaklığı (C)					
		4 °C			20 °C		
		%5	%10	%15	%5	%10	%15
a	0.	-1.56	-1.77	-1.83	-1.56	-1.77	-1.83
	1.	-1.42	-1.59	-2.04	-1.07	0.85	0.71
	2.	-1.13	-0.86	-0.87	0.02	1.38	0.76
	3.	-0.92	-0.66	-0.81	0.92	1.49	1.43
	4.	-0.58	-0.03	-0.17	1.06	1.62	1.49
	5.	-0.19	0.14	-0.1	1.11	1.74	1.61
	6.	1.01	0.69	0.04	1.72	2.55	1.9
	7.	1.23	0.81	0.38	1.64	2.66	2.08
	8.	1.29	1.19	0.87	1.83	2.94	2.34

Üretim başlangıcında sürülebilir özellikteki antepfıstığı ezmesinin üretim başlangıcındaki C.I.E b değerleri % 5, 10, ve 15 formülasyonda üretilen ezmeler için sırasıyla 16.45,15.99 ve 16.24 olduğu belirlenmiş ve cam kavanozlarda 4 ve 20 °C de muhafaza edilen ezmelerin b değerlerinin 8 aylık depolama sonundaki değerlerinin ise 16.62 ile 19.91 arasında değiştiği belirlenmiştir.

Sürülebilir özellikteki antepfıstığı ezmesinin depolama periyodu boyunca sahip oldukları C.I.E L, a ve b değerlerinin değişimi sırasıyla Şekil 3.9.1, 3.9.2 ve 3.8.3' de verilmiştir.

Çizelge 3.10.3 Sürülebilir antepfıstığı ezmesinın depolama periyodu boyunca 4 ve 20 °C deki C.I.E b değişimi

	Depolama Periyodu (ay)	Depolama sıcaklığı (C)					
		4 °C			20 °C		
		%5	%10	%15	%5	%10	%15
b	0.	16.45	15.99	16.24	16.45	15.99	16.24
	1.	16.34	15.89	15.87	15.87	15.16	13.39
	2.	17.48	17.0	16.28	16.28	16.76	13.76
	3.	18.27	17.88	16.68	16.68	17.14	14.43
	4.	18.36	17.94	17.14	17.14	17.21	15.28
	5.	18.61	18.3	17.41	17.77	17.84	15.28
	6.	19.23	18.98	17.77	18.39	18.25	15.51
	7.	19.79	19.18	18.53	18.53	18.82	15.62
	8.	19.91	19.24	18.59	18.76	18.91	16.62

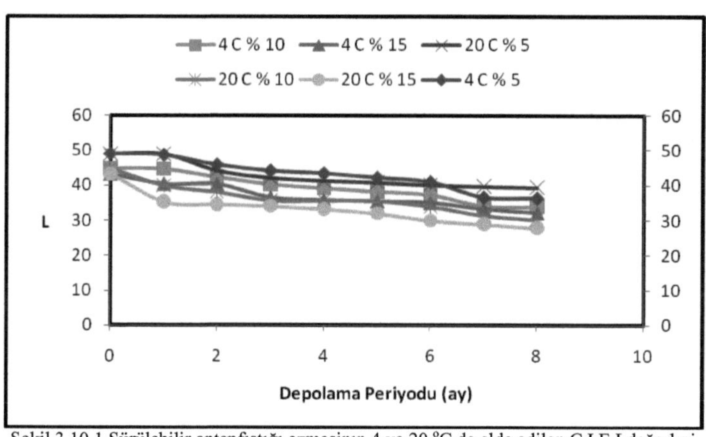

Şekil 3.10.1 Sürülebilir antepfıstığı ezmesinın 4 ve 20 °C de elde edilen C.I.E Ldeğerleri

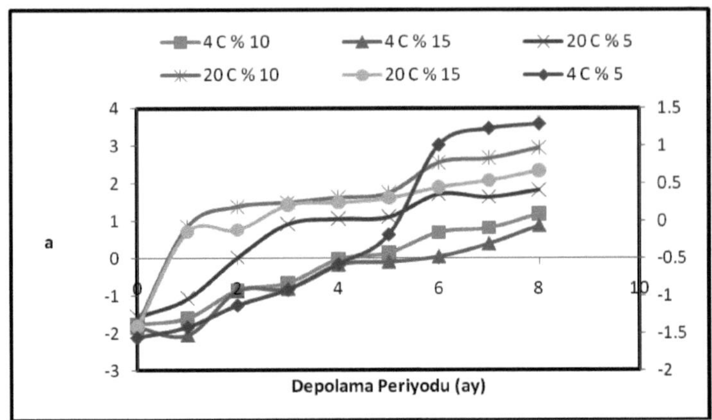

Şekil 3.10.2 Sürülebilir antepfıstığı ezmesinin 4 ve 20 °C de elde edilen C.I.E a değerleri

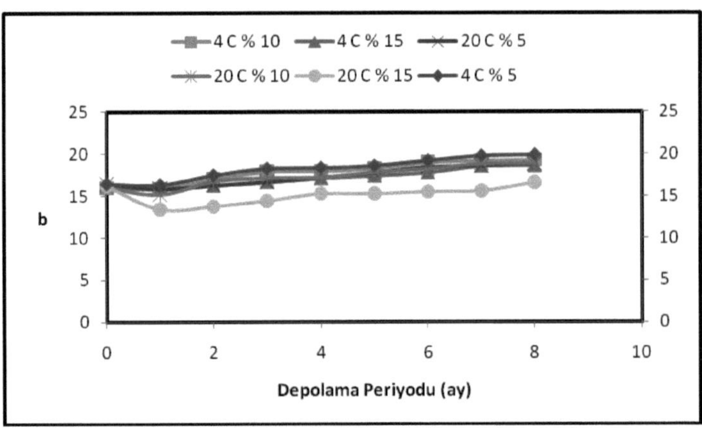

Şekil 3.10.3 Sürülebilir antepfıstığı ezmesinin 4 ve 20 °C de elde edilen C.I.E b değerleri

3.11. Duyusal değerlendirme sonuçları

Sürülebilir özellikteki antepfıstığı ezmesinin depolama periyodu boyunca panelistler tarafından ölçülen duyusal değerlendirme ortalamaları Çizelge 3.10.1' de verilmiştir. Üretim başlangıcında sürülebilir özellikteki antepfıstığı ezmesinin üretim başlangıcındaki ve depolama periyodu boyunca duyusal değerlendirmeleri sırasıyla renk, tekstür, tat-aroma, ağızda bıraktığı his ve koku üzerinden olmak üzere 5 farklı kategoride toplam 5 puan üzerinden değerlendirilme yapılmış ve duyusal değerlendirme ortalamaları % 5, 10, ve 15 formülasyonda üretilen ezmeler için sırasıyla 4.02,4.50 ve 4.64 olduğu belirlenmiş ve cam kavanozlarda 4 ve 20 °C de muhafaza edilen ezmelerin duyusal değerlendirme ortalamalarının ise depolama periyodu sonunda ise 2.90 ile 3.56 arasında değiştiği belirlenmiştir.

Çizelge 3.11.1 Sürülebilir özellikteki antepfıstığı ezmesinin depolama periyodu boyunca sahip oldukları duyusal değerlendirme ortalamaları

	Depolama Periyodu (ay)	Depolama sıcaklığı (C)					
		4 °C			20 °C		
		%5	%10	%15	%5	%10	%15
Duyusal dğ. ort.	0.	4.02	4.50	4.64	4.02	4.50	4.64
	1.	3.72	4.28	4.38	3.80	4.00	4.04
	2.	3.62	4.14	4.10	3.76	3.76	3.84
	3.	3.44	4.02	4.04	3.62	3.62	3.62
	4.	3.36	3.94	3.96	3.50	3.44	3.48
	5.	3.24	3.82	3.86	3.38	3.34	3.34
	6.	3.16	3.72	3.80	3.26	3.22	3.18
	7.	3.00	3.66	3.72	3.14	3.08	3.06
	8.	2.90	3.52	3.56	3.02	3.00	2.94

Sürülebilir özellikteki antepfıstığı ezmesinin depolama periyodu boyunca sahip oldukları duyusal değerlendirme ortalama değerleri Şekil 3.11.1' de verilmiştir.

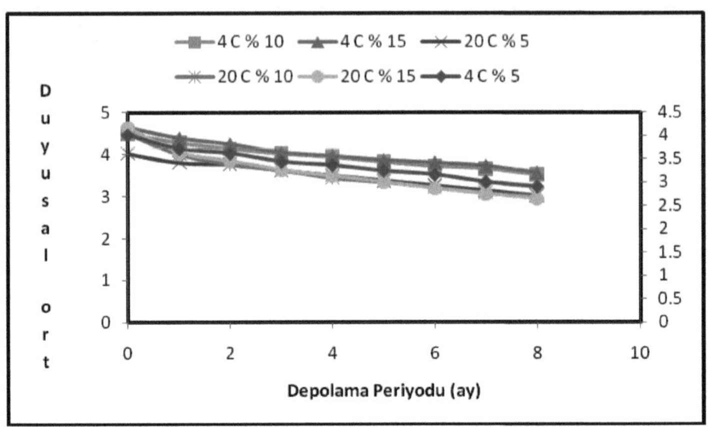

Şekil 3.11.1 Sürülebilir antepfistığı ezmesinın 4 ve 20 °C de elde edilen duyusal değerlendirme ortalamaları

3.12 Su aktivitesinin (a_w) belirlenmesi

PEC (Proximity Equilibration Cell) yöntemi kullanılarak elde edilen °C ve 20 °C' de kalibrasyon eğrisine ait sabit değerler ve katsayılar hesaplanmış ve buna bağlı olarak üç farklı formülasyonda hazırlanan sürülebilir nitelikteki antepfistığı ezmesinin su aktivite değerleri belirlenmiştir. Sürülebilir özellikteki antepfistığı ezmeleri için su aktivite değerlerinin % 5, 10 ve 15 formülasyonda üretilen ezmeler için sırasıyla, 0.6273, 0.6317 ve 0.6333 olduğu belirlenmiştir.

4. LSD ÇOKLU KARŞILAŞTIRMA TEST SONUÇLARI

Varyans analizi sonuçlarına göre 3 farklı formülasyonda üretilen (% 5,10,15) sürülebilir nitelikteki antepfistığı ezmelerinin PO (meq/kg),pH, Toplam asitlik TA (%), Serbest asitlik SA (%), Nem (%), Esmerleşme indisi (A_{420}), TBA (A_{530}), değerleri üzerinde Formülasyon (F), Depolama Sıcaklığı (DS) ve Depolama Periyodu (DP), FxDS, FxDP, DSxDP interaksiyonlarının etkisi ($P<0.01$) incelenmiştir. Çizelge 4.1 ve Çizelge 4.2' de formülasyon, sıcaklık ve depolama periyodunun sürülebilir özellikteki antepfistığı ezmelerinin bazı kimyasal özellikleri üzerine etkisinin test sonuçları verilmiştir. Bu değerlendirme sonucunda sürülebilir nitelikteki antepfistığı ezmelerinin PO (meq/kg), TA (%), Eİ (A420) ve TBA (A530) değerleri üzerine formülasyonun (F) etkisinin önemli olduğu, depolama sıcaklığının (DS) PO (meq/kg), pH, nem (%) ve TA (%) üzerine etkisinin önemli olarak gerçekleştiği belirlenmiş ve depolama periyodunun (DP) ise PO(meq/kg), pH, Nem (%) ve TA (%) üzerine etkisinin önemli olduğu gözlenmiştir. Sıcaklığın SA (%), EI ve TBA üzerine etkisi önemsiz olarak gerçekleşmiş, formülasyonun etkisinin ise % 5' lik formülasyonlarda üretilen ezmeler için önemli olduğu bulunmuştur.

Çizelge 4.1 Sürülebilir özellikteki antepfıstığı ezmesinin bazı kimyasal özellikleri üzerine formülasyon ve sıcaklığın etkisi

Kim. Testler	Formülasyon			Sıcaklık C	
	% 5	% 10	% 15	4 °C	20 °C
PO (meq/kg)	0.1695^{c}	0.4899^{b}	0.5220^{a}	0.3867^{b}	0.4009^{a}
pH	6.201^{a}	6.153^{b}	6.138^{c}	6.213^{a}	6.115^{b}
Nem (%)	9.474^{c}	9.508^{b}	9.547^{a}	9.493^{a}	9.456^{b}
TA (%)	1.472^{c}	1.666^{b}	1.736^{a}	1.600^{b}	1.64^{a}
SA (%)	0.3287^{b}	0.5971^{a}	0.6229^{a}	0.5064^{a}	0.5260^{a}
Eİ (A_{420})	0.404^{c}	0.479^{b}	0.520^{a}	0.468^{a}	0.468^{a}
TBA ($A_{53}0$)	0.161^{c}	0.227^{b}	0.261^{a}	0.214^{a}	0.219^{a}

Sürülebilir nitelikteki farklı formülasyonlardaki antepfıstığı ezmelerinin bazı kimyasal özellikleri üzerine formülasyon, sıcaklık ve depolamanın $P<0.01$ seviyesinde önemli oldukları belirlenmiştir. Depolama periyodunun sürülebilir ezmelerin PO (meq/kg), pH, Nem (%), TA (%) ve TBA üzerine önemli olarak etki ettiği bulunmuş, SA (%) ve EI üzerine etkisinin iser önemsiz olduğu belirlenmiştir.

Çizelge 4.2 Sürülebilir özellikteki antepfıstığı ezmesinin bazı kimyasal özellikleri üzerine depolama periyodunun etkisi

Kim. Testler	Depolama Periyodu (ay)								
	0.	1.	2.	3.	4.	5.	6.	7.	8.
PO	0.3571^{d}	0.357^{cd}	0.3579^{cd}	0.3857^{bc}	0.3876^{b}	0.3878^{b}	0.4351^{a}	0.4371^{a}	0.4382^{a}
pH	6.745^{a}	6.453^{b}	6.103^{c}	6.100^{c}	6.076^{d}	6.057^{e}	6.028^{f}	5.976^{g}	5.938^{h}
Nem(%)	9.729^{a}	9.644^{b}	9.541^{c}	9.479^{d}	9.464^{e}	9.450^{ef}	9.437^{fg}	9.427^{gh}	9.417^{h}
TA (%)	1.359^{h}	1.434^{g}	1.551^{f}	1.700^{e}	1.703^{e}	1.707^{d}	1.714^{c}	1.722^{b}	1.732^{a}
SA (%)	0.4915^{a}	0.492^{a}	0.4928^{a}	0.5094^{a}	0.5115^{a}	0.5123^{a}	0.5442^{a}	0.5460^{a}	0.5462^{a}
EI	0.444^{a}	0.444^{a}	0.445^{a}	0.469^{a}	0.470^{a}	0.471^{a}	0.489^{a}	0.490^{a}	0.490^{a}
TBA	0.195^{b}	0.199^{b}	0.201^{b}	0.219^{a}	0.221^{a}	0.222^{a}	0.228^{a}	0.230^{a}	0.232^{a}

Çizelge 4.3' de DS x DP interaksiyonunun sürülebilir özellikteki antepfıstığı ezmesinin bazı kimyasal özellikleri üzerine etkisi verilmiştir.

Çizelge 4.3 Sürülebilir özellikteki antepfıstığı ezmesinin bazı kimyasal özellikleri DS x DP interaksiyonunun etkisi

K. Test	DS (C)	Depolama Periyodu (ay)								
		0.	1.	2.	3.	4.	5.	6.	7.	8.
PO	4	0.3505^{b}	0.3509^{b}	0.3510^{b}	0.3789^{b}	0.3804^{b}	0.3806^{b}	0.4276^{a}	0.4299^{a}	0.4309^{a}
	20	0.3637^{b}	0.3645^{b}	0.3649^{b}	0.3929^{b}	0.3948^{b}	0.3949^{b}	0.4427^{a}	0.4443^{a}	0.4455^{a}
pH	4	6.738^{a}	6.641^{b}	6.156^{c}	6.131^{d}	6.108^{de}	6.090^{e}	6.068^{e}	6.012^{f}	5.970^{g}
	20	6.751^{a}	6.266^{b}	6.07^{c}	6.050^{c}	6.044^{cde}	6.025^{de}	5.987^{e}	5.940^{f}	5.906^{g}
Nem	4	9.754^{a}	9.634^{b}	9.549^{c}	9.491^{d}	9.470^{e}	9.463^{e}	9.451^{ef}	9.438^{fg}	9.428^{g}
	20	9.703^{a}	9.655^{b}	9.534^{c}	9.467^{d}	9.458^{de}	9.437^{ef}	9.423^{fg}	9.417^{fg}	9.407^{g}
TA	4	1.359^{h}	1.419^{g}	1.532^{f}	1.671^{e}	1.675^{de}	1.678^{cd}	1.681^{c}	1.688^{b}	1.697^{a}
	20	1.359^{h}	1.450^{g}	1.570^{f}	1.728^{e}	1.732^{de}	1.736^{d}	1.746^{c}	1.756^{b}	1.767^{a}
SA	4	0.4834^{a}	0.4844^{a}	0.4845^{a}	0.5009^{a}	0.5025^{a}	0.5037^{a}	0.5317^{a}	0.5334^{a}	0.5336^{a}
	20	0.4995^{a}	0.5002^{a}	0.5012^{a}	0.5179^{a}	0.5205^{a}	0.5209^{a}	0.5567^{a}	0.5584^{a}	0.5590^{a}
EI	4	0.443^{a}	0.445^{a}	0.445^{a}	0.469^{a}	0.469^{a}	0.469^{a}	0.490^{a}	0.492^{a}	0.493^{a}
	20	0.444^{a}	0.445^{a}	0.446^{a}	0.469^{a}	0.471^{a}	0.472^{a}	0.487^{a}	0.488^{a}	0.489^{a}
TBA	4	0.195^{c}	0.198^{bc}	0.200^{bc}	0.216^{ab}	0.218^{ab}	0.219^{ab}	0.224^{a}	0.226^{a}	0.227^{a}
	20	0.195^{c}	0.200^{bc}	0.201^{bc}	0.222^{ab}	0.223^{ab}	0.225^{a}	0.232^{a}	0.234^{a}	0.237^{a}

Çizelge 4.4' de DS x F interaksiyonunun sürülebilir özellikteki antepfıstığı ezmesinin bazı kimyasal özellikleri üzerine etkisi verilmiştir.

Çizelge 4.4 Sürülebilir özellikteki antepfıstığı ezmesinin bazı kimyasal özellikleri DS x F interaksiyonunun etkisi

K. Testler	Sıcaklık C	Formülasyon		
		% 5	% 10	% 15
PO	4	0.1692^{c}	0.4796^{b}	0.5113^{a}
	20	0.1697^{c}	0.5003^{b}	0.5328^{a}
pH	4	6.225^{a}	6.21^{a}	6.198^{b}
	20	6.177^{a}	6.091^{b}	6.078^{b}
Nem	4	9.493^{b}	9.530^{a}	9.537^{a}
	20	9.456^{c}	9.480^{b}	9.564^{a}
TA	4	1.465^{c}	1.628^{b}	1.707^{a}
	20	1.480^{c}	1.704^{b}	1.765^{a}
SA	4	0.3273^{b}	0.5853^{a}	0.6067^{a}
	20	0.3302^{b}	0.6088^{a}	0.6391^{a}
EI	4	0.403^{c}	0.479^{b}	0.522^{a}
	20	0.406^{c}	0.480^{b}	0.518^{a}
TBA	4	0.155^{c}	0.228^{b}	0.258^{a}
	20	0.167^{c}	0.226^{b}	0.263^{a}

Çizelge 4.5 Sürülebilir özellikteki antepfıstığı ezmesinin bazı kimyasal özellikleri F x DP interaksiyonunun etkisi

K. Testler	Form (%)	Depolama Periyodu (ay)								
		0.	1.	2.	3.	4.	5.	6.	7.	8.
PO	% 5	0.0865^{c}	0.0873^{c}	0.0877^{c}	0.1478^{b}	0.1478^{b}	0.1492^{b}	0.2715^{a}	0.2731^{a}	0.2743^{a}
	% 10	0.4775^{a}	0.4786^{a}	0.4805^{a}	0.4897^{a}	0.4917^{a}	0.4918^{a}	0.4980^{a}	0.5000^{a}	0.5017^{a}
	% 15	0.5055^{a}	0.5074^{a}	0.5074^{a}	0.5197^{a}	0.5219^{a}	0.5237^{a}	0.5359^{a}	0.5382^{a}	0.5385^{a}
pH	% 5	6.711^{a}	6.456^{b}	6.203^{c}	6.160^{d}	6.130^{de}	6.108^{e}	6.061^{f}	6.010^{g}	5.970^{h}
	% 10	6.753^{a}	6.456^{b}	6.088^{c}	6.063^{cd}	6.060^{de}	6.045^{ef}	6.016^{f}	5.966^{g}	5.935^{h}
	% 15	6.770^{a}	6.448^{b}	6.053^{c}	6.043^{cd}	6.040^{de}	6.020^{ef}	6.006^{f}	5.951^{g}	5.910^{h}
Nem	% 5	9.667^{a}	9.573^{b}	9.509^{c}	9.454^{d}	9.433^{de}	9.426^{e}	9.415^{ef}	9.401^{f}	9.392^{g}
	% 10	9.777^{a}	9.650^{b}	9.519^{c}	9.466^{d}	9.454^{de}	9.443^{de}	9.431^{ef}	9.423^{f}	9.413^{g}
	% 15	9.743^{a}	9.710^{b}	9.597^{c}	9.516^{d}	9.505^{de}	9.482^{de}	9.466^{ef}	9.458^{f}	9.447^{g}
TA	% 5	1.242^{h}	1.342^{g}	1.466^{f}	1.520^{e}	1.522^{de}	1.527^{cd}	1.533^{c}	1.543^{b}	1.556^{a}
	% 10	1.411^{h}	1.421^{g}	1.576^{f}	1.751^{e}	1.754^{de}	1.760^{cd}	1.764^{c}	1.773^{b}	1.783^{a}
	% 15	1.424^{f}	1.540^{e}	1.611^{d}	1.829^{c}	1.833^{c}	1.835^{c}	1.845^{b}	1.850^{b}	1.857^{a}
SA	% 5	0.2758^{b}	0.2761^{b}	0.2766^{b}	0.3122^{ab}	0.3162^{ab}	0.3174^{ab}	0.3920^{a}	0.3960^{a}	0.3961^{a}
	% 10	0.587^{a}	0.5886^{a}	0.5893^{a}	0.5955^{a}	0.5968^{a}	0.5974^{a}	0.6060^{a}	0.6063^{a}	0.6065^{a}
	% 15	0.6112^{a}	0.6123^{a}	0.6124^{a}	0.6204^{a}	0.6215^{a}	0.6221^{a}	0.6343^{a}	0.6359^{a}	0.6360^{a}
EI	% 5	0.367^{a}	0.369^{a}	0.369^{a}	0.407^{a}	0.408^{a}	0.408^{a}	0.436^{a}	0.437^{a}	0.441^{a}
	% 10	0.459^{a}	0.459^{a}	0.463^{a}	0.481^{a}	0.481^{a}	0.483^{a}	0.494^{a}	0.496^{a}	0.498^{a}
	% 15	0.504^{a}	0.505^{a}	0.506^{a}	0.518^{a}	0.521^{a}	0.522^{a}	0.535^{a}	0.535^{a}	0.536^{a}
TBA	% 5	0.121^{b}	0.125^{b}	0.128^{b}	0.175^{a}	0.177^{a}	0.179^{a}	0.181^{a}	0.182^{a}	0.183^{a}
	% 10	0.219^{a}	0.221^{a}	0.221^{a}	0.224^{a}	0.224^{a}	0.224^{a}	0.232^{a}	0.236^{a}	0.241^{a}
	% 15	0.246^{a}	0.249^{a}	0.253^{a}	0.259^{a}	0.261^{a}	0.263^{a}	0.269^{a}	0.273^{a}	0.275^{a}

PO (meq/kg) sayısı üzerine formülasyonların etkisi (P<0.01) önemli bulunmuş ve formülasyonlar içerisinde en yüksek peroksit değerinin % 15 formülasyona sahip sürülebilir nitelikteki antepfıstığı ezmesinin olduğu belirlenmiştir. PO (meq/kg) üzerine sıcaklığın ve depolama periyodunun etkisinin de (P<0.01) önemli olduğu gözlenmiş; 4 °C de depolanan ezmelerin PO değerlerinin 20 °C de muhafaza edilenlere oranla daha düşük olduğu ve depolama süresince bu değerlerin 0.3571 ile 0.4382 arasında değişim gösterdiği belirlenmiştir. Her iki depolama sıcaklığında da zamana bağlı olarak PO değerlerinde artışın meydana geldiği belirlenmiştir. Sürülebilir özellikteki antepfıstığı ezmelerinin PO sayısı üzerine etkili olan DS x DP, F x DP ve DS x F interaksiyonlarının durumu Şekil 4.1, 4.2 ve 4.3' de verilmiştir.

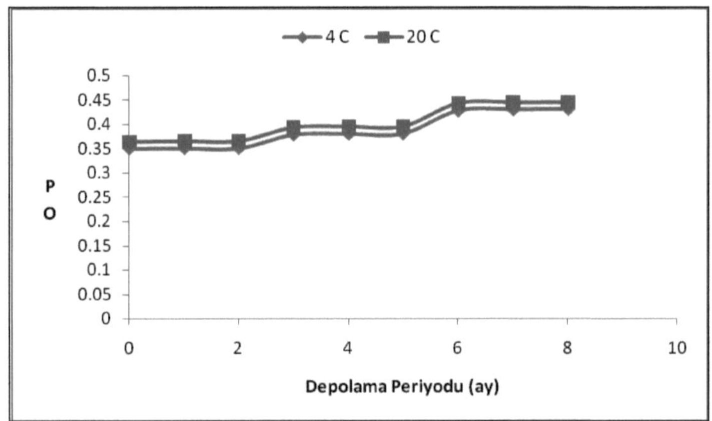

Şekil 4.1 Sürülebilir antepfıstığı ezmesinin PO değeri üzerine DS x DP interaksiyonunun etkisi

PO (meq/kg) sayısı üzerine DS x DP interaksiyonunun etkisi her iki sıcaklık değerinde de depolama süresince bir artış meydana gelmiş ve interaksiyonunun etkisi 6. periyoda kadar önemsiz iken bu periyottan itibaren etkisinin önemli olduğu belirlenmiştir. PO sayısı üzerine F x DP interaksiyonunun etkisi % 10 ve 15 lik formülasyona sahip ezmeler için önemsiz bulunmuşken % 5 lik formülasyonda üretilen ezmeler için PO değeri daha düşük olarak bulunmuş ve interaksiyonun etkisi (P<0.01) önemli bulunmuştur. PO sayısı üzerine DS x F interaksiyonunun etkisi her iki sıcaklık değerinde de önemli bulunmuş; % 5 lik formülasyondaki sürülebilir ezmelerin diğer formülasyondaki ezmelerden daha düşük PO değerlerine sahip oldukları belirlenmiştir.

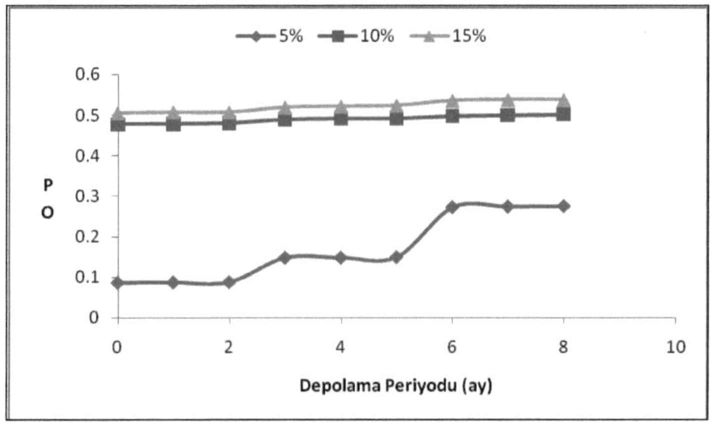

Şekil 4.2 Sürülebilir antepfıstığı ezmesinin PO değeri üzerine F x DP interaksiyonunun etkisi

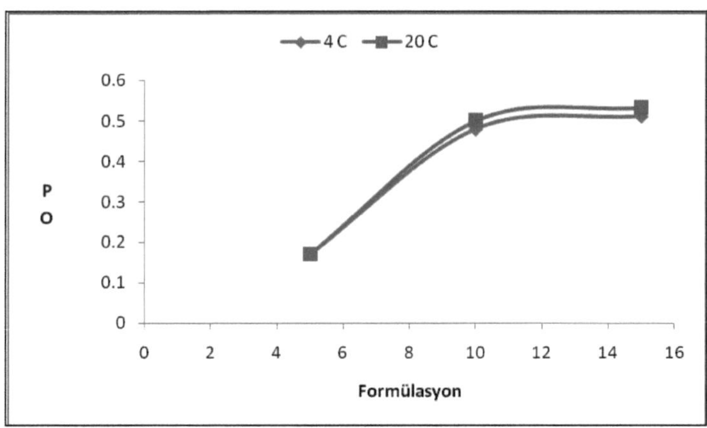

Şekil 4.3 Sürülebilir antepfıstığı ezmesinin PO değeri üzerine DS x F interaksiyonunun etkisi

pH değeri üzerine formülasyonların etkisi (P<0.01) önemli bulunmuş ve formülasyonlar içerisinde en yüksek pH değerinin % 5 formülasyona sahip sürülebilir nitelikteki antepfıstığı ezmesinin olduğu belirlenmiştir. pH üzerine sıcaklığın ve depolama periyodunun etkisinin de (P<0.01) önemli olduğu gözlenmiş; 4 C de depolanan ezmelerin pH değerlerinin 20 °C de muhafaza edilenlere oranla yüksek olduğu ve depolama süresince bu değerlerin 6.745 ile 5.938 arasında değişim gösterdiği belirlenmiştir. Her iki depolama sıcaklığında da zamana bağlı olarak pH değerlerinde azalmanın meydana geldiği belirlenmiştir. Sürülebilir özellikteki antepfıstığı ezmelerinin pH değeri üzerine etkili olan DS x DP, F x DP ve DS x F interaksiyonlarının durumu Şekil 4.4, 4.5 ve 4.6 da verilmiştir.

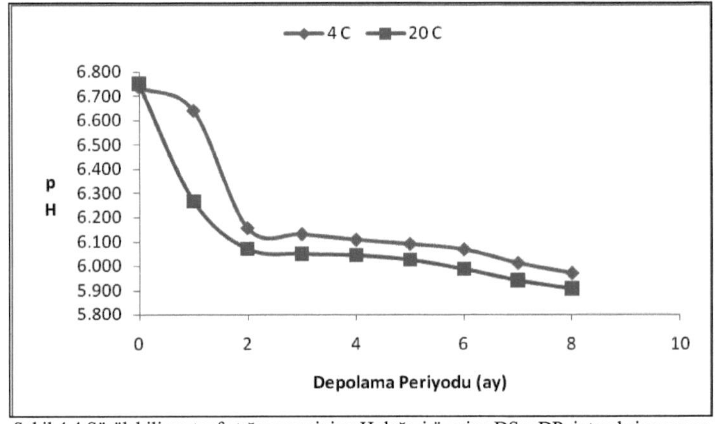

Şekil 4.4 Sürülebilir antepfıstığı ezmesinin pH değeri üzerine DS x DP interaksiyonunun etkisi

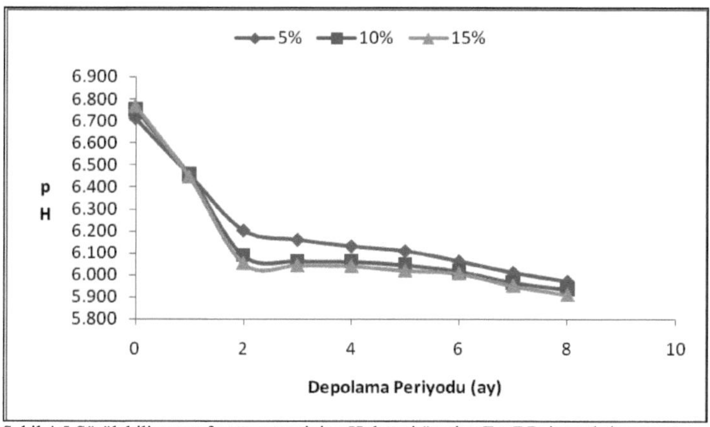

Şekil 4.5 Sürülebilir antepfıstığı ezmesinin pH değeri üzerine F x DP interaksiyonunun etkisi

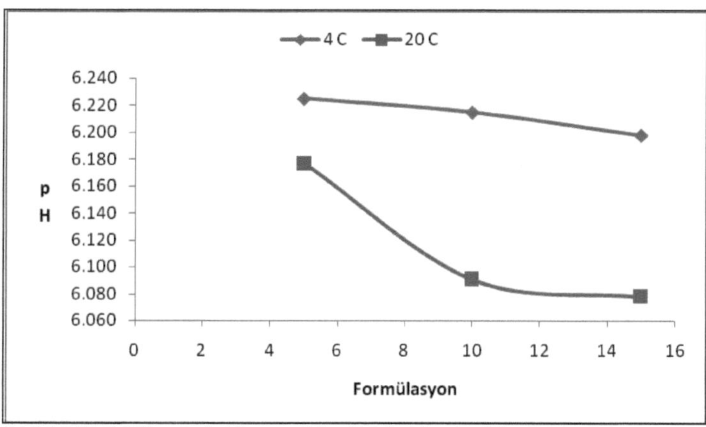

Şekil 4.6 Sürülebilir antepfıstığı ezmesinin pH değeri üzerine DS x F interaksiyonunun etkisi

pH değeri üzerine DS x DP interaksiyonunun etkisi her iki sıcaklık değerinde de depolama süresince bir azalma meydana gelmiş ve interaksiyonunun etkisi (P<0.01) her iki sıcaklık değerinde de önemli olduğu belirlenmiştir. pH değeri üzerine F x DP interaksiyonunun etkisi her üç formülasyondaki sürülebilir antepfıstığı ezmeleri için önemli olduğu belirlenmiştir. pH değeri üzerine DS x F interaksiyonunun etkisi 4 °C de muhafaza edilşen ezmeler için % 5 ve 10 formülasyondaki ezmeler için önemsiz iken % 15 lik ezmeler için etkisi önemli bulunmuş; 20 °C de muhafaza edilen ezmeler için interaksiyonunu etkisi % 5 formülasyondaki ezmeler için önemsiz bulunmuşken, % 10 ve 15 lik ezmeler için bu etkinin önemli olduğu belirlenmiştir.

Nem değeri üzerine formülasyonların etkisi ($P<0.01$) önemli bulunmuş ve formülasyonlar içerisinde en yüksek nem değerinin % 15 formülasyona sahip sürülebilir nitelikteki antepfıstığı ezmesinin olduğu belirlenmiştir. Nem değeri üzerine sıcaklığın ve depolama periyodunun etkisinin de ($P<0.01$) önemli olduğu gözlenmiş; 4 °C de depolanan ezmelerin nem değerlerinin 20 °C de muhafaza edilenlere oranla daha düşük olduğu ve depolama süresince bu değerlerin % 9.417 ile 9.729 arasında değişim gösterdiği belirlenmiştir. Her iki depolama sıcaklığında da zamana bağlı olarak nem değerlerinde azalmanın meydana geldiği belirlenmiştir. Sürülebilir özellikteki antepfıstığı ezmelerinin nem değerleri üzerine etkili olan DS x DP, F x DP ve DS x F interaksiyonlarının durumu Şekil 4.7, 4.8 ve 4.9' da verilmiştir.

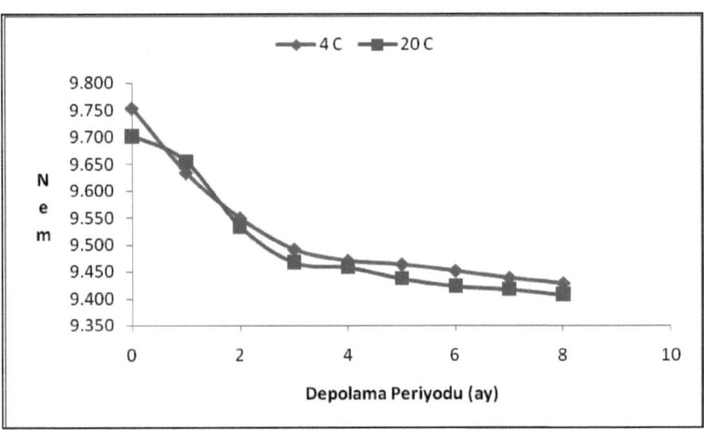

Şekil 4.7 Sürülebilir antepfıstığı ezmesinin Nem değeri üzerine DS x DP interaksiyonunun etkisi

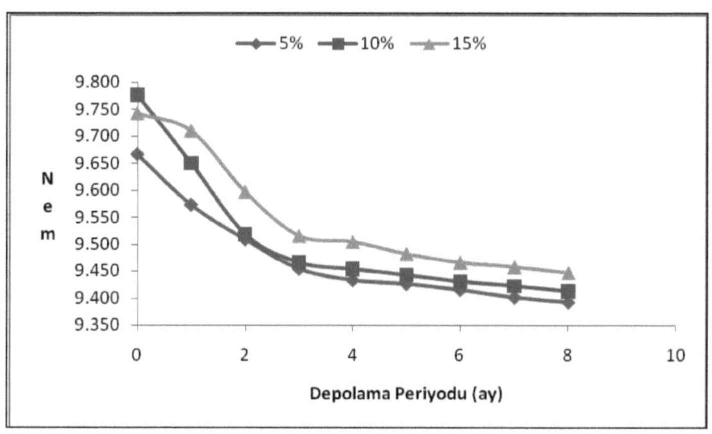

Şekil 4.8 Sürülebilir antepfıstığı ezmesinin Nem değeri üzerine F x DP interaksiyonunun etkisi

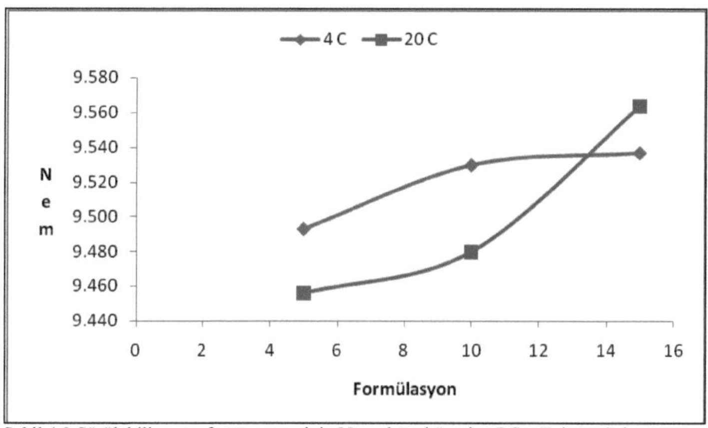

Şekil 4.9 Sürülebilir antepfıstığı ezmesinin Nem değeri üzerine DS x F interaksiyonunun etkisi

Nem değeri üzerine DS x DP interaksiyonunun etkisi her iki sıcaklık değerinde de depolama süresince bir azalma meydana gelmiş ve interaksiyonunun etkisi ($P<0.01$) her iki sıcaklık değerinde de önemli olduğu belirlenmiştir. Nem değeri üzerine F x DP interaksiyonunun etkisi her üç formülasyondaki sürülebilir antepfıstığı ezmeleri için önemli olduğu belirlenmiştir. Nem değeri üzerine DS x F interaksiyonunun etkisi 4 ^{o}C de muhafaza edilen ezmeler için % 5 ve 10 formülasyondaki ezmeler için önemsiz iken % 15 lik ezmeler için etkisi önemli bulunmuş; 20 °C de muhafaza edilen ezmeler için interaksiyonunu etkisi her üç formülasyondaki ezmeler için de önemli olduğu belirlenmiştir

TA (%) üzerine formülasyonların etkisi ($P<0.01$) önemli bulunmuş ve formülasyonlar içerisinde en yüksek toplam asitlik değerinin % 15 formülasyona sahip sürülebilir nitelikteki antepfıstığı ezmesinin olduğu belirlenmiştir. TA (%) üzerine sıcaklığın ve depolama periyodunun etkisinin de ($P<0.01$) önemli olduğu gözlenmiş; 4 °C de depolanan ezmelerin TA (%) değerlerinin 20 °C de muhafaza edilenlere oranla düşük olduğu ve depolama süresince bu değerlerin % 1.359 ile 1.732 arasında değişim gösterdiği belirlenmiştir. Her iki depolama sıcaklığında da zamana bağlı olarak TA (%) değerlerinde artışın meydana geldiği belirlenmiştir. Sürülebilir özellikteki antepfıstığı ezmelerinin TA (%) değeri üzerine etkili olan DS x DP, F x DP ve DS x F interaksiyonlarının durumu Şekil 4.10, 4.11 ve 4.12' de verilmiştir.

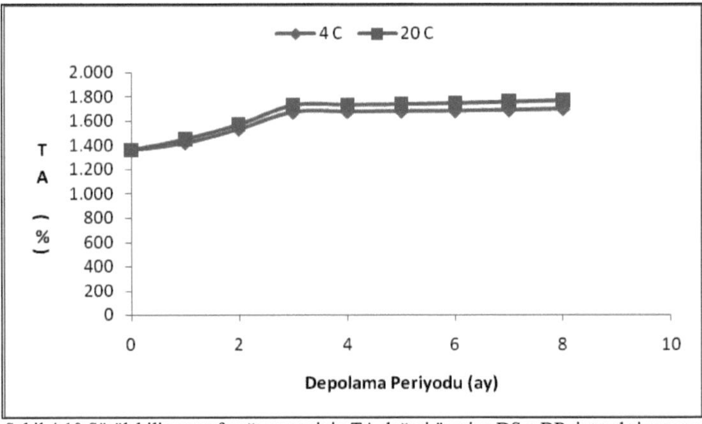

Şekil 4.10 Sürülebilir antepfıstığı ezmesinin TA değeri üzerine DS x DP interaksiyonunun etkisi

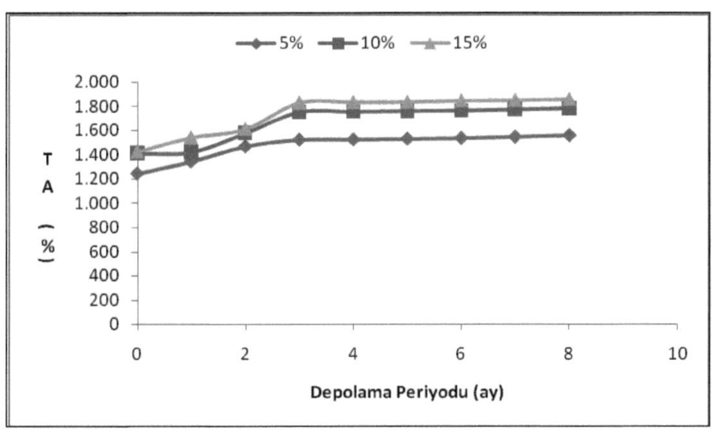

Şekil 4.11 Sürülebilir antepfıstığı ezmesinin TA değeri üzerine F x DP interaksiyonunun etkisi

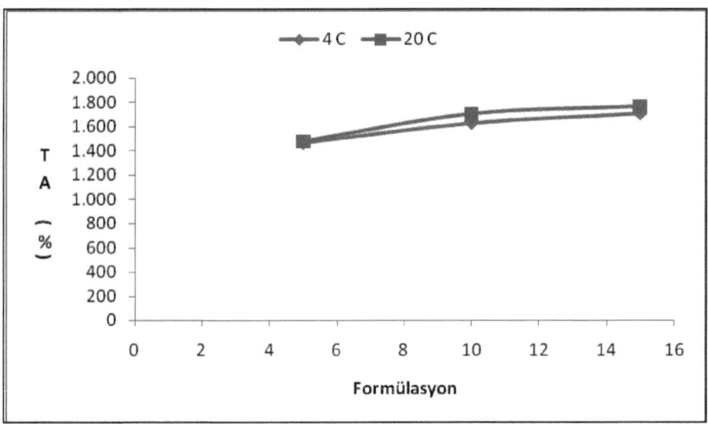

Şekil 4.12 Sürülebilir antepfıstığı ezmesinin TA değeri üzerine DS x F interaksiyonunun etkisi

TA (%) değeri üzerine DS x DP interaksiyonunun etkisinin ($P<0.01$) her iki sıcaklık değerinde de önemli olduğu belirlenmiştir. TA (%) değeri üzerine F x DP interaksiyonunun etkisi her üç formülasyondaki sürülebilir antepfıstığı ezmeleri için önemli olduğu belirlenmiştir. TA (%) değeri üzerine DS x F interaksiyonunun etkisinin her iki sıcaklık değerinde depolanan ezmeler için de önemli olduğu bulunmuş; 20 °C de muhafaza edilen ezmelerin TA değerlerinin 4 °C de muhafaza edilen ezmelerden daha yüksek olduğu belirlenmiştir.

SA (%) değeri üzerine formülasyonların etkisi ($P<0.01$) % 10 ve 15 lik antepfıstığı ezmeleri için önemsiz bulunmuşken % 5 lik ezmeler için etkisinin önemli olduğu belirlenmiştir. SA (%) değeri üzerine depolama sıcaklığının etkisi önemsiz olarak bulunmuşken formülasyonun etkisi önemli bulunmuş ve formülasyonlar içerisinde en yüksek SA (%) değerinin % 15 formülasyona sahip sürülebilir nitelikteki antepfıstığı ezmesinin olduğu belirlenmiştir. SA (%) üzerine depolama periyodunun etkisinin ($P<0.01$) önemsiz olduğu gözlenmiş ve bununla birlikte 4 ve 20 °C de depolanan ezmelerin SA (%) değerlerinin birbirlerine çok yakın ve depolama süresince bu değerlerin % 0.4915 ile 0.5462 arasında değişim gösterdiği belirlenmiştir. Her iki depolama sıcaklığında da zamana bağlı olarak SA (%) değerlerinde bir artışın meydana geldiği belirlenmiştir. Sürülebilir özellikteki antepfıstığı ezmelerinin SA (%) değeri üzerine etkili olan DS x DP, F x DP ve DS x F interaksiyonlarının durumu Şekil 4.13, 4.14 ve 4.15' de verilmiştir.

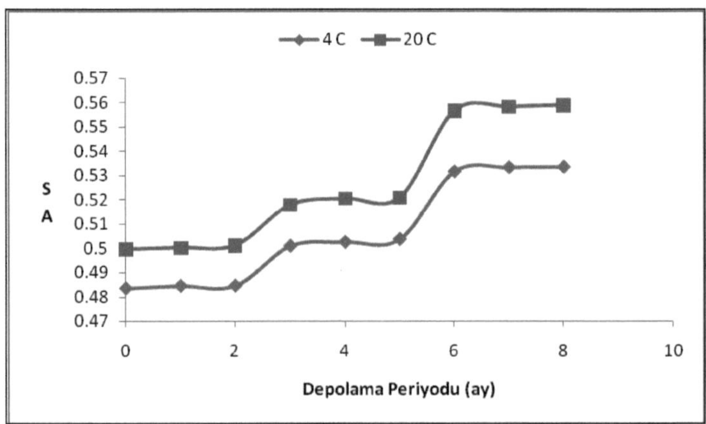

Şekil 4.13 Sürülebilir antepfıstığı ezmesinin SA değeri üzerine DS x DP interaksiyonunun etkisi

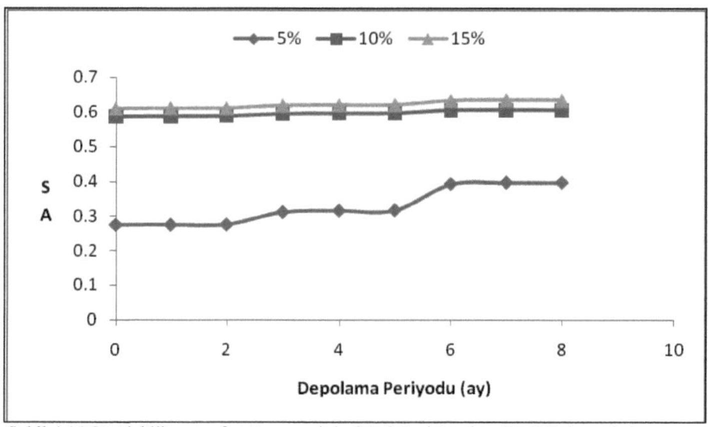

Şekil 4.14 Sürülebilir antepfıstığı ezmesinin SA değeri üzerine F x DP interaksiyonunun etkisi

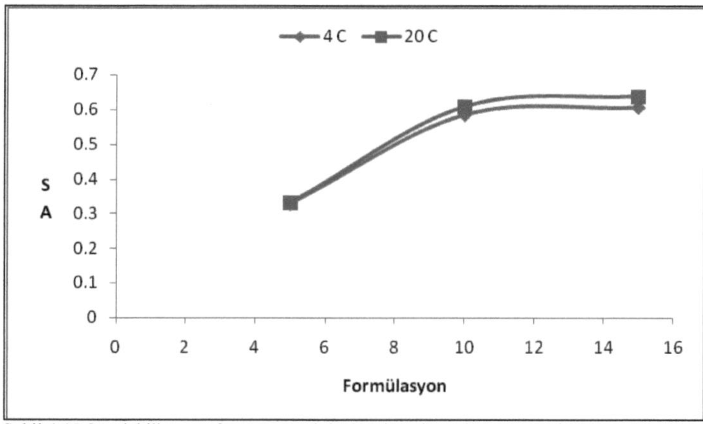

Şekil 4.15 Sürülebilir antepfıstığı ezmesinin SA değeri üzerine DS x F interaksiyonunun etkisi

SA (%) değeri üzerine DS x DP interaksiyonunun etkisinin (P<0.01) her iki sıcaklık değerinde de önemsiz olduğu belirlenmiştir. SA (%) değeri üzerine F x DP interaksiyonunun etkisinin önemsiz olduğu saptanmış, % 10 ve 15 lik formülasyondaki sürülebilir antepfıstığı ezmeleri arasında fark olmadığı belirlenmiştir. SA (%) değeri üzerine

DS x F interaksiyonunun etkisinin 4 ve 20 °C de depolanan % 10 ve 15 lik sürülebilir antepfıstığı ezmeleri için önemsiz olduğu belirlenmiş, % 5 lik ezmeler için ise interaksiyonun etkisinin önemli olduğu belirlenmiştir. 20 °C de muhafaza edilen ezmelerin SA (%) değerlerinin 4 °C de muhafaza edilen ezmelerden daha yüksek olduğu belirlenmiştir.

Esmerleşme indisi (EI, A_{420}) üzerine formülasyonların etkisi ($P<0.01$) önemli bulunmuş ve formülasyonlar içerisinde esmerleşme indisi değerinin % 15 lik formülasyona sahip ezmeler olduğu belirlenmiş, esmerleşme üzerine sıcaklığın etkisinin ise önemsiz olduğu belirlenmiştir. Esmerleşme indisi üzerine depolama periyodunun etkisinin ise ($P<0.01$) önemsiz olduğu belirlenmiştir. Her iki depolama sıcaklığında da zamana bağlı olarak esmerleşme indisi değerlerinde artışın meydana geldiği belirlenmiş ve bu değerlerin 0.444 ile 0.490 arasında değişim gösterdiği belirlenmiştir.. Sürülebilir özellikteki antepfıstığı ezmelerinin EI (A_{420}) değerleri üzerine etkili olan DS x DP, F x DP ve DS x F interaksiyonlarının durumu Şekil 4.16, 4.17 ve 4.18' de verilmiştir.

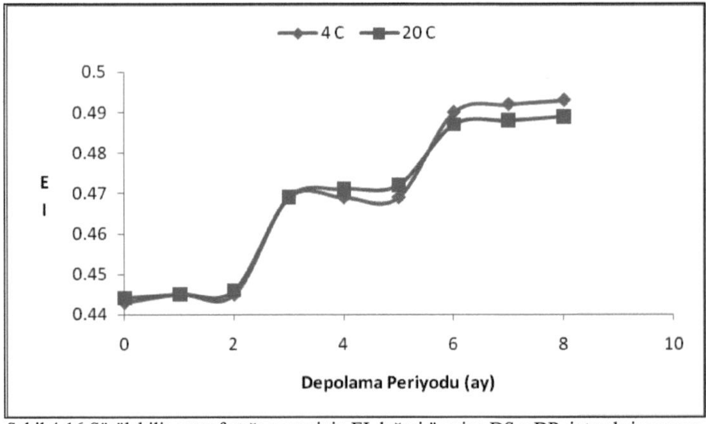

Şekil 4.16 Sürülebilir antepfıstığı ezmesinin EI değeri üzerine DS x DP interaksiyonunun etkisi

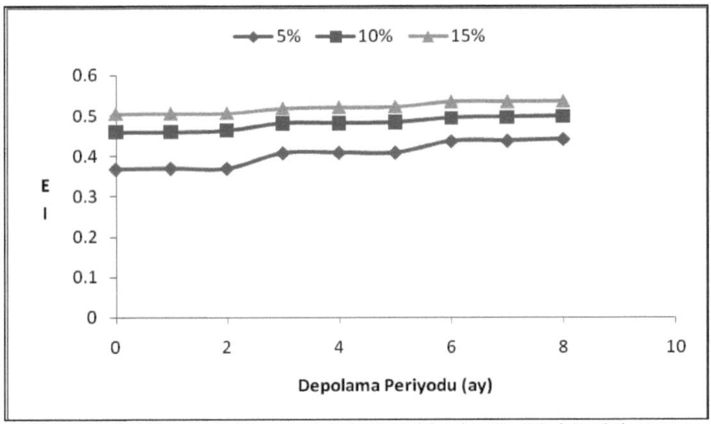

Şekil 4.17 Sürülebilir antepfıstığı ezmesinin EI değeri üzerine F x DP interaksiyonunun etkisi

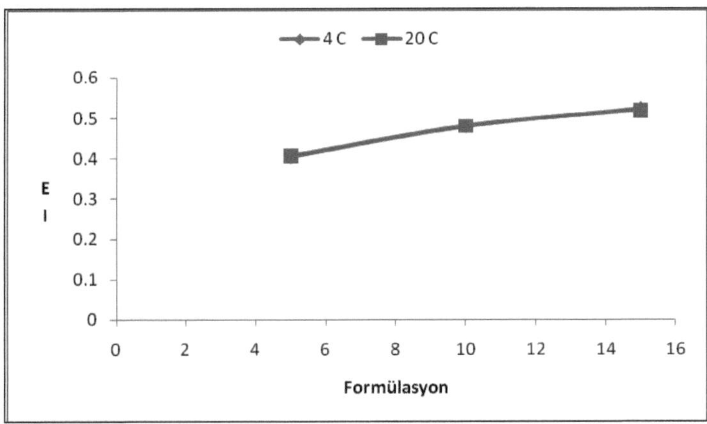

Şekil 4.18 Sürülebilir antepfıstığı ezmesinin EI değeri üzerine DS x F interaksiyonunun etkisi

Esmerleşme indisi üzerine DS x DP interaksiyonunun etkisinin (P<0.01) her iki sıcaklık değerinde de önemsiz olduğu belirlenmiştir. Esmerleşme indisi üzerine F x DP interaksiyonunun etkisinin (P<0.01) % 5, 10 ve 15 lik formülasyondaki sürülebilir antepfıstığı ezmeleri için önemsiz olduğu belirlenmiştir. Esmerleşme indisinin DS x F interaksiyonunu etkisinin ise her iki sıcaklık değerinde muhafaza edilen sürülebilir antepfıstığı ezmeleri için onemli bulunmuştur.

TBA (A_{530}) değeri üzerine formülasyonların etkisi ($P<0.01$) önemli bulunmuş, depolama sıcaklığının etkisinin ise önemsiz olduğu belirlenmiştir. TBA değeri üzerine depolama periyodunun etkisi ($P<0.01$) önemli olmuş ve bu değerlerin 0.195 ile 0.232 arasında değişim gösterdiği belirlenmiştir. Sürülebilir özellikteki antepfıstığı ezmelerinin TBA değerleri üzerine DS x DP, F x DP ve DS x F interaksiyonlarının etkileri Şekil 4.19, 4.20 ve 4.21' de verilmiştir.

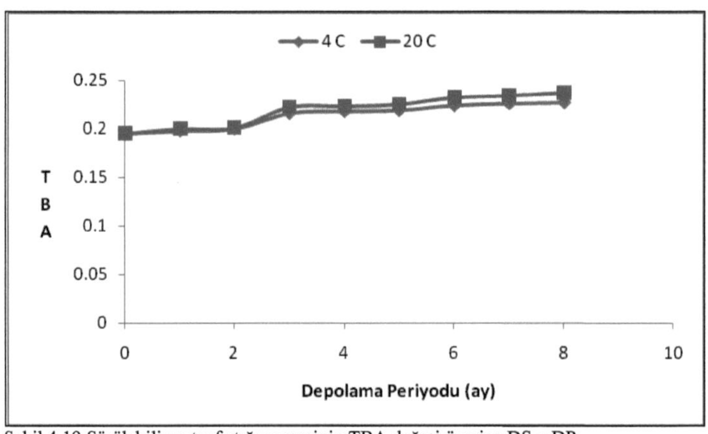

Şekil 4.19 Sürülebilir antepfıstığı ezmesinin TBA değeri üzerine DS x DP interaksiyonunun etkisi

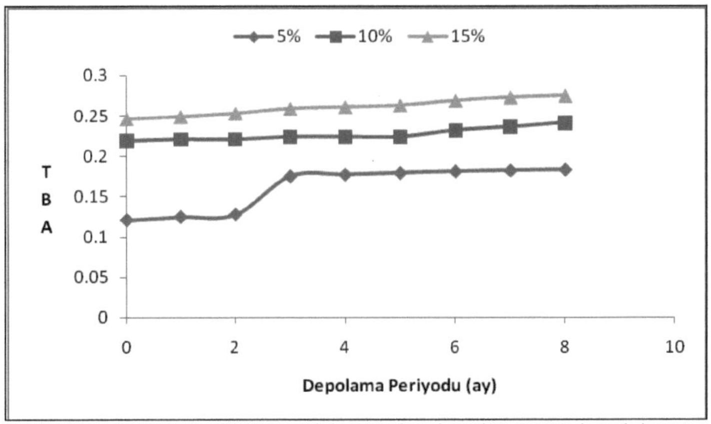

Şekil 4.20 Sürülebilir antepfıstığı ezmesinin TBA değeri üzerine F x DP interaksiyonunun etkisi

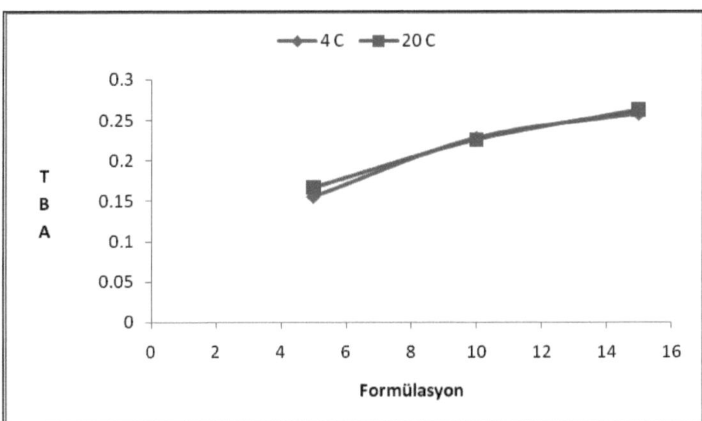

Şekil 4.21 Sürülebilir antepfıstığı ezmesinin TBA değeri üzerine DS x F İnteraksiyonunun etkisi

TBA değeri üzerine DS x DP interaksiyonunun etkisinin ($P<0.01$) 4 ve 20 ^{o}C de depolana sürülebilir özellikteki antepfıstığı ezmeleri için önemli bulunmuştur. TBA değeri üzerine F x DP interaksiyonunun etkisinin % 10 ve 15 lik formülasyondaki sürülebilir antepfıstığı ezmeleri için önemsiz olduğu belirlenmiş, % 5 lik antepfıstığı ezmeleri için etkisinin önemli olduğu belirlenmiştir. TBA değeri üzerine DS x F interaksiyonunun etkisinin

4 ve 20 °C de depolanan % 5,10 ve 15 lik sürülebilir antepfıstığı ezmeleri için önemli olduğu belirlenmiştir.

5.SONUÇ VE ÖNERİLER

Yağlı kuru meyvelerin kavrulmasındaki temel amacın, ürünün yenilebilirliğini artırmak amacıyla tad ve yapısal değişiklikleri meydana getirmek olduğu belirtilmektedir. Kavrulma işlemi esnasında antepfıstığına benzer özelliklerden dolayı bu ürün için referans gösterilen sıcaklık değerleri olarak 145 °Cve 165 °C ler farklı süreler uygulanmak koşulu ile denenmiş ve 165 °C de 20-25 d. sıcaklık uygulamasının daha iyi sonuç verdiği gözlenmiştir. Sıcaklık derecesinin artması ile birlikte artan sürenin de yağlı kuru meyvenin tadı üzerinde istenmeyen olumsuz değişiklikler meydana getirdiği gözlenmiş ve aşırı yanık tadının ortaya çıkmasının ürünün tüketilebilirliğini azalttığı gözlenmiştir.

Sürülebilir antepfıstığı ezmelerinin renk ölçümlerinde CIE renk ölçümü ile klorofil değerlerinin ölçümü belirlenmeye çalışılmıştır. Üretim başlangıcından itibaren depolama periyodu sonuna kadar klorofil pigmentlerinde meydana gelen değişim ve esmerleşme reaksiyonlarına bağlı olarak ortaya çıkan koyulaşma sonucunda CIE L değerlerinde azalma gözlenmiş; üretim başlangıcında ürünlerde hakim olan yeşil rengin depolama periyodunun sonuna doğru azaldığı ve CIE a değerlerinin -1.83 ile 2.34 arasında değişim gösterdiği belirlenmiştir.

Toplam klorofil değerlerinde ise üretim başlangıcından itibaren depolanma periyodu boyunca ezmelerin yeşil renklerinde meydana gelen azalmaya bağlı olarak Toplam klorofil klorofil a ve b değerlerinde azalma gözlenmiş; bu azalmanın CIE L ve a değerleri ile paralellik arzettiği gözlenmiştir. Sürülebilir özellikteki antepfıstığı ezmelerinin toplam klorofil ve CIE a değerleri Şekil 5.1 ve 5.2' de verilmiştir. Klorofil pigmentinin dayanıklı bir pigment olmadığı ve artan depolama sıcaklığı ile birlikte feofitinlerin oluşumunun arttığı ve buna bağlı olarak renk değişiminin 4 °C ye oranla daha fazla gerçekleştiği düşünülmektedir.

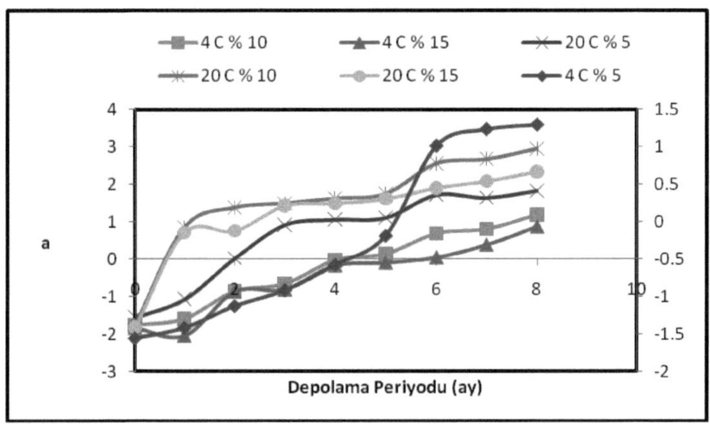

Şekil.5.1 Sürülebilir antepfıstığı ezmesinın 4 ve 20 °C de elde edilen C.I.E a değerleri

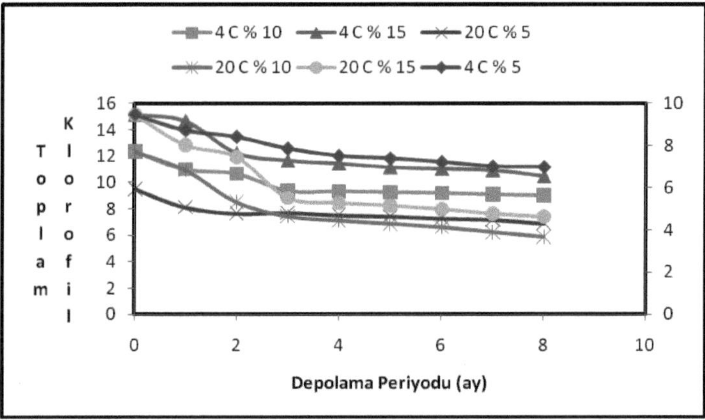

Şekil.5.2 Sürülebilir antepfıstığı ezmesinın 4 ve 20 °C de elde edilen T. klorofil değerleri

Kahvaltılık olarak tüketilen ve yağlı kuru meyve bazlı ürünlerden olan sürülebilir nitelikteki kremaların üretiminde margarin kullanılmaktadır. Margarinler bitkisel kaynaklı yağlardan elde edilmekte ve buna bağlı olarak doymamış yağ oranları yuksektir. Margarinlerin üretiminde kullanılan bitkisel yağların genellikle soya fasülyesi, ayçiceği tohumu ve keten tohumu ile birlikte palm yağından meydana geldiği ve bu bitkilerin tekli doymamış yağ, çoklu doymamış yağ ve vitamin E nin en iyi kaynakları olduğu belirtilmektedir. Doymamış yağların kandaki kötü kolestrol olarak bilinen LDL düzeylerini düşürerek kalp sağlığını korumaya yardımcı olduğu, hayvansal besinlerde bulunan doymuş yağların ise kandaki kolesterol miktarını artırarak kalp sağlığını olumsuz yönde etkilediği ifade edilmektedir. Günlük beslenmede yağların bir denge içerisinde tüketilmesi gerektiği ve günlük alınması gereken enerji ihtiyacının yaklaşık % 30 unun yağlardan karşılanması ve bu miktarın da % 10 u doymuş, % 10 u çoklu doymamış yağlar olarak çeşitlendirilmesinin gerektiği belirtilmektedir. Günlük alınması gereken diyette yer alan karbonhidratların yerine bitkisel sterol içeren yağların tüketilmesinin LDL kolesterol düzeyini düşürken HDL kolestrol düzeyinde artışın sağlandığı ifade edilmektedir. Yağ içeriğinden yoksun fakat lif açısından zengin diyetlerde yer alan karbonhidrat içerikli besinler yerine eşit kalori düzeyinde bitkisel streol açısından zengin yağların alınmasının LDL kolestrol düzeyini düşürüp HDL kolesterol konsantrasyonunu artırdığı; bitkisel kaynaklı sterol ve stanol tüketiminin kolesterol emilimini kısmen önleyerek plazma total ve LDL kolesterol düşüş sağladığı ve günde 2 g bitkisel sterol alınmasının LDL kolesterol düzeyini % 10 oranında düşürdüğü belirtilmektedir (Becel 2006). Sürülebilir antepfıstığı ezmesinin üretiminde kullanılan margarinin bileşiminde % 24 çoklu, % 18 tekli doymamış yağ bulunmakta ve ezme bileşiminde yaklaşık olarak % 12 tekli-çoklu yağ içerdiği görülmekte ve bu durumun yukarıdaki şartlara uygunluk gösterdiği ve bunun da kalp sağlığını korumaya yardımcı olacağı düşünülmektedir.

Sürülebilir özellikteki antepfıstığının nem izoterminin belirlenmesinde kullanılan matematiksel modeller içerisinde sırasıyla Peleg, Filonenko-Chuprin, Kuhn ve Oswin ifadelerinin regresyon katsayılarının (r^2) kullanılan a_w değerleri için diğer matematiksel modellere oranla daha yüksek olduğu belirlenmiştir. Sürülebilir antepfıstığı ezmelerinin nem izotermlerinin her iki sıcaklık derecesinde de (4 ve 20 °C) BET sınıflandırmasına göre J tipinde olduğu ve Type III grubuna dahil olduğu gözlenmiş ve bu durumun şeker içeren gıda maddeleri için uygun bir durum olduğu belirlenmiştir. BET M_o değerinin ise 4 °C de % 5-10 ve 15 lik formülasyondaki ezmeler için sırasıyla 35.4, 35.9, 40.5 olduğu; 20 °C deki ezmeler için ise bu değerlerin sırasıyla 44.4,.51.4 ve 50.3 olduğu belirlenmiştir.

Düşük a_w değerlerinde daha az oranda su tutulurken artan a_w değeri ile birlikte sürülebilir ezmeler tarafından daha fazla su absorbe edildiği ve bu durumun Maroulis ve ark. tarafından ifade edilen durumla benzerlik gösterdiği belirlenmiştir. M_o değerlerinin 30 °C de kuru üzüm, incir, kuru erik ve havuç için sırasıyla 12.5,11.7, 13.3 ve 15.1 olduğu ve buna benzer gıda maddeleri için M_o değerlerinin 2-10 arasında değiştiği belirtilmekte ve artan sıcaklıkla birlikte M_o değerinin azaldığı ifade edilmektedir. Sürülebilir özellikteki antepfıstığı için belirlenen Mo değerlerinin ise yukarıda belirtilen koşula uygunluk göstermediği belirlenmiştir. Bu durumun da BET eşitliğinin özellikle 0-0.43 a_w değerlerinde daha fazla uygunluk gösterdiği, bu a_w değerlerinin dışında kalan değerler için belirtilen M_o değerinin buna bağlı olarak farklı bulunduğu düşünülmektedir.

Sürülebilir özellikteki antepfıstığı ezmelerinin duyusal değerlendirme ortalamaları 4 ve 20 °C de muhafaza edilen ezmeler için farklı olduğu belirlenmiştir. 4 °C de muhafaza edilen ezmelerde özellikle % 10 ve 15 lik formülasyonda üretilen ezmelerin depolama periyodu boyunca duyusal değerlendirme ortalamalrının 4.64 ile 3.56 arasında değişim gösterdiği gözlenirken % 5 lik ezmeler için bu değerin 4.02 ile 2.90 arasında olduğu; 20 °C de muhafaza edilen ezmeler için ise % 15 lik formülasyona sahip numunelerin 4. periyotta ulaştığı duyusal değerlendirme ortalamasına 4 °C deki % 10 ve 15 lik ezmelerin 8. periyotta ulaştığı belirlenmiştir. 4 °C de muhafaza edilen ezmeler içerisinde özellikle % 10 ve 15 lik formülasyondaki ezmelerin diğerlerine oranla daha yüksek ortalamaya sahip oldukları belirlenmiştir. 20 °C de muhafaza edilen ezmelerin duyusal değerlendirmesinde 4 . periyottan itibaren renkte meydana gelen değişimler panelistler tarafından olumsuz olarak değerlendirilmiş ve bu durum değerlendirme ortalamalarının düşük çıkmasına neden olmuştur. Sürülebilir antepfıstığı ezmelerinin koku, tekstür, tat/aroma ve ağızda bıraktığı his kategorilerinin duyusal değerlendirmelerinde depolama periyodu boyunca ortalama puanların 3 ün altına düşmediği (20 °C de muhafaza edilen ezmelerin 7. ve 8. periyotları dısında) gözlenmiştir.

6. KAYNAKLAR

ALTUĞ, T, OVA, G, DEMİRAĞ, KURTVAN, U,. 1995Gıda Kalite Kontrol. Ege Üniversitesi. Mühendislik Yay. 29 İzmir.

ANONYMOUS,. 1983-a. Gıda Muayene ve Analiz Yöntemleri Kitabı. Ankara.

ANONYMOUS, 1971. TS- 973 . Yağlı Tohumlarda Yağ Miktarı Tayini. Ankara.

ANONİM. 1998. The Turkish Pistachio. Güneydoğu Anadolu İhracatçılar Birliği Tanıtım Broşürü. Gaziantep.

AOAC. 1992. Official Methods of Analysis of the Association of Analytical Chemists. 16 th Ed. Assoc. of Official Analytical Chemists, Washington, DC

BATU, A, KARAGÖZ D.D, KAYA C, YILDIZ M. 2007. Dut ve Harnup pekmezlerinin Depolanması Süresince Bazı Kalite Değerlerinde Oluşan Değişmeler. Gıda Teknolojileri Elektronik Dergisi.(2) s 7-16

BECEL 2006. Sağlık Bülteni no.52

CEMEROĞLU, B, ACAR, J. 1986. Meyve ve Sebze İşleme Teknolojisi. Ankara

ÇAĞLAIRMAK N, BATKAN A.C 2005. Nutrients and Biochemsitry of nuts in Different Consumption Types ın Turkey. J of Food Processing and Preservation 29. p 407-423

DUCKWORT, R.B. 1975. Water Relations of Foods. The Academic Press.

ESECELİ, H, DEĞİRMENCİOĞLU A, KAHRAMAN A, 2006. Omega yağ asitlerinin insan sağlığı yönünden önemi. Türkiye 9. Gıda Kongresi. Bolu. S.403-406

FELLAND, S.L, KOEHLER, P.E. 1997. Sensory, Chemical and Physical Changes in İncreased Water Activity Peanut Butter Products. J of Food Quality. 20 p.145-156

GAMLI, Ö. F., 2004. Farklı Ambalaj ve Depolama Koşullarının Antepfıstığı Ezmesinin Kalitesi Üzerine Etkisi. Harran Ü. F.B.E. Yüksek Lisans Tezi. Şanlıurfa.

GOULD, W. A. 1976. Food Quality Asnemrance. The Avi Publishing Company. Wesport. Connectıcut.

GÖĞÜŞ F, MASKAN M, KAYA A. 1998.Sorption Isotherms of Turkish Delight. J of Food Processing and Preservation. 22 p. 345-357

KACAR, B. Bitki ve Toprağın Kimyasal Analizleri II. Bitki Analizleri. Ankara Üniversitesi Ziraat Fakültesi Yayınları. 453. Ankara. 1972.

KINDERLERER, J.L, JOHNSON,S. 1991. Rancidity in Hazelnut Due To Volatile Aliphatic Aldeyhdes. J of Food Agriculture. V 58

LABUZA, T.P, ACOTT, K, TATİNİ, S.R. 1983. Water Activity Determination: A Collaborative Study of Different Methods. Journal of Food Science. v41. s.910-918.

LOONG, M, GOH H. 2003. Colour Degradation of acidified vegetables juices. School of Chemical and Life Scciences. Singapore

MAROULİS, Z.B, TSAMİ, E., MARİNOS-KOURİS D, SARAVACOS, G.D, 1988. Applicatiopn of the GAB model to the moisture sorption ositherms for dried fruits. J of Food Engineering. 7. s 63-78.

MCCUNE, T.D, LANG, K.W, STEİNBERG, M.R. Water Activity Determination with the Proximity Equilibration Cell. Journal of Food Science.v46. 1981

NAS, S., GÖKALP, H.Y., ÜNSAL, M. 1992. Bitkisel Yağ Teknolojisi. Atatürk Üniversitesi Ziraat Fakültesi yayınları No.723, Erzurum.

ÖZKAYA, H. 1988. Gıda Maddeleri Analiz Yöntemleri Kitabı. Ankara.

ÖZKAYA, H., KAHVECİ, B. 1990. Tahıl Ürünleri Analiz Yöntemleri. Gıda Teknolojisi Derneği Yayınları. Ankara.

PALA, M, YILDIZ, M, AÇKURT, F, LÖKER, M.1994. Türkiye'de Üretilen Antepfıstığı Çeşitlerinin Bileşimi. Gıda Teknolojisi Dergisi. s 6.

PERSHERN, A.S, BRENE, W.M, LULA, E.C. 1994. Analysis of Factors Influencing Lipid Oxidation in Hazelnut. J of Food Processing and Preservation. V 191

RUDOLPH, C.J., ODELL, G.V. 1992. Chemical Changes in Pecan Oils During Oxidation. J of Food Quality v 15.

SAKLAR, S, KATNAS S, UNGAN S. 2001. Determiantion of optimum hazelnut roasting conditions. Int Journal of Food Science and Tech. 36, p 271-281

SHAUL, M, ISRAEL,S, ISAIA, J.K. 1977. Browning Determination in Citrus Product. J. Agric. Food Chemistry. v 25

YILDIZ, M, GÜVENENN, T. 1996. Hızlandırılmış Yöntem Uygulayarak Bitkisel Yağların Oksidasyona Dayanıklılığının Saptanması. Gıda Teknolojisi Dergisi. s 2.

7. EKLER

DSxDPxF interaksiyonunun PO uzerine etkisi

Depolama periyodu (ay)	Depolama sıcaklığı C	Formülasyon		
		% 5	% 10	% 15
0.	4	0.0873[b]	0.4698[a]	0.4960[a]
	20	0.0873[b]	0.4912[a]	0.5151[a]
1.	4	0.0865[b]	0.4677[a]	0.4973[a]
	20	0.0865[b]	0.4873[a]	0.5174[a]
2.	4	0.0877[b]	0.4678[a]	0.4972[a]
	20	0.0877[b]	0.4894[a]	0.5177[a]
3.	4	0.1488[b]	0.4781[a]	0.5088[a]
	20	0.1468[b]	0.5012[a]	0.5307[a]
4.	4	0.1495[b]	0.4816[a]	0.5101[a]
	20	0.1489[b]	0.5018[a]	0.5336[a]
5.	4	0.1482[b]	0.4811[a]	0.5127[a]
	20	0.1475[b]	0.5025[a]	0.5348[a]
6.	4	0.2699[b]	0.4884[a]	0.5245[a]
	20	0.2731[b]	0.5076[a]	0.5473[a]
7.	4	0.2724[b]	0.4901[a]	0.5273[a]
	20	0.2738[b]	0.5099[a]	0.5491[a]
8.	4	0.2731[b]	0.4920[a]	0.5277[a]
	20	0.2755[b]	0.5115[a]	0.5494[a]

DSxDPxF interaksiyonunun pH üzerine etkisi

Depolama periyodu (ay)	Depolama sıcaklığı C	Formülasyon		
		% 5	% 10	% 15
0.	4	6.766[a]	6.753[a]	6.696[b]
	20	6.773[a]	6.753[ab]	6.726[b]
1.	4	6.670[a]	6.650[a]	6.603[b]
	20	6.310[a]	6.263[b]	6.226[b]
2.	4	6.233[a]	6.150[b]	6.086[c]
	20	6.173[a]	6.000[b]	5.976[b]
3.	4	6.170[a]	6.116[b]	6.106[b]
	20	6.150[a]	6.060[b]	6.000[c]
4.	4	6.123[a]	6.116[a]	6.086[a]
	20	6.136[a]	6.003[b]	5.993[b]
5.	4	6.106[a]	6.096[a]	6.066[a]
	20	6.120[a]	5.983[b]	5.973[b]
6.	4	6.080[a]	6.070[a]	6.056[a]
	20	6.043[a]	5.963[b]	5.956[b]
7.	4	6.030[a]	6.006[a]	6.000[a]
	20	5.990[a]	5.926[b]	5.903[b]
8.	4	5.993[a]	5.973[ab]	5.943[b]
	20	5.946[a]	5.896[b]	5.876[b]

DSxDPxF interaksiyonunun nem üzerine etkisi

Depolama periyodu (ay)	Depolama sıcaklığı C	Formülasyon		
		% 5	% 10	% 15
0.	4	9.667[b]	9.777[b]	9.777[a]
	20	9.667[b]	9.667[a]	9.777[a]
1.	4	9.620[a]	9.627[a]	9.655[a]
	20	9.520[c]	9.680[b]	9.766[a]
2.	4	9.529[b]	9.547[ab]	9.572[a]
	20	9.489[b]	9.492[b]	9.622[a]
3.	4	9.470[b]	9.486[ab]	9.518[a]
	20	9.415[b]	9.429[b]	9.563[a]
4.	4	9.446[b]	9.463[b]	9.501[a]
	20	9.408[b]	9.419[b]	9.547[a]
5.	4	9.446[b]	9.457[ab]	9.486[a]
	20	9.400[b]	9.406[b]	9.507[a]
6.	4	9.431[b]	9.451[ab]	9.472[a]
	20	9.390[b]	9.398[b]	9.481[a]
7.	4	9.406[b]	9.446[a]	9.462[a]
	20	9.385[b]	9.396[b]	9.470[a]
8.	4	9.397[b]	9.436[a]	9.451[a]
	20	9.375[b]	9.387[b]	9.458[a]

DSxDPxF interaksiyonunun TA üzerine etkisi

Depolama periyodu (ay)	Depolama sıcaklığı C	Formülasyon		
		% 5	% 10	% 15
0.	4	1.242[c]	1.411[b]	1.424[a]
	20	1.242[c]	1.411[b]	1.424[a]
1.	4	1.301[c]	1.459[b]	1.497[a]
	20	1.381[b]	1.383[b]	1.583[a]
2.	4	1.488[c]	1.544[b]	1.564[a]
	20	1.444[c]	1.608[b]	1.659[a]
3.	4	1.517[c]	1.695[b]	1.803[a]
	20	1.523[c]	1.807[b]	1.855[a]
4.	4	1.518[c]	1.698[b]	1.808[a]
	20	1.527[c]	1.811[b]	1.858[a]
5.	4	1.523[c]	1.703[b]	1.809[a]
	20	1.532[c]	1.817[b]	1.861[a]
6.	4	1.525[c]	1.708[b]	1.812[a]
	20	1.541[c]	1.820[b]	1.878[a]
7.	4	1.530[c]	1.713[b]	1.821[a]
	20	1.556[c]	1.833[b]	1.880[a]
8.	4	1.539[c]	1.723[b]	1.830[a]
	20	1.572[c]	1.844[b]	1.884[a]

DSxDPxF interaksiyonunun SA üzerine etkisi

Depolama periyodu (ay)	Depolama sıcaklığı C	Formülasyon		
		% 5	% 10	% 15
0.	4	0.2758[b]	0.5782[a]	0.5963[a]
	20	0.2758[b]	0.5965[a]	0.6262[a]
1.	4	0.2761[b]	0.5798[a]	0.5975[a]
	20	0.2761[b]	0.5973[a]	0.6271[a]
2.	4	0.2766[b]	0.5787[a]	0.5978[a]
	20	0.2766[b]	0.5999[a]	0.6270[a]
3.	4	0.3131[b]	0.5845[a]	0.6051[a]
	20	0.3114[b]	0.6066[a]	0.6357[a]
4.	4	0.3158[b]	0.5860[a]	0.6057[a]
	20	0.6166[b]	0.6076[a]	0.6374[a]
5.	4	0.3183[b]	0.5868[a]	0.6062[a]
	20	0.3166[b]	0.6080[a]	0.6381[a]
6.	4	0.3875[b]	0.5914[a]	0.6163[a]
	20	0.3966[b]	0.6213[a]	0.6523[a]
7.	4	0.3912[b]	0.5907[ab]	0.6189[a]
	20	0.4008b	0.6214[a]	0.6529[a]
8.	4	0.3912[b]	0.5922[a]	0.6168[a]
	20	0.4011[b]	0.6207[a]	0.6553[a]

DSxDPxF interaksiyonunun Esmerleşme indisi üzerine etkisi

Depolama periyodu (ay)	Depolama sıcaklığı C	Formülasyon		
		% 5	% 10	% 15
0.	4	0.369[a]	0.463[a]	0.504[a]
	20	0.369[a]	0.455[a]	0.508[a]
1.	4	0.367[a]	0.458[a]	0.503[a]
	20	0.367[a]	0.460[a]	0.508[a]
2.	4	0.369[a]	0.462[a]	0.503[a]
	20	0.369[a]	0.464[a]	0.504[a]
3.	4	0.403[a]	0.481[a]	0.523[a]
	20	0.412[a]	0.482[a]	0.513[a]
4.	4	0.400[a]	0.483[a]	0.523[a]
	20	0.416[a]	0.479[a]	0.519[a]
5.	4	0.400[a]	0.482[a]	0.526[a]
	20	0.416[a]	0.484[a]	0.518[a]
6.	4	0.445[a]	0.495[a]	0.538[a]
	20	0.437[a]	0.493[a]	0.532[a]
7.	4	0.438[a]	0.491[a]	0.540[a]
	20	0.434[a]	0.502[a]	0.531[a]
8.	4	0.441[a]	0.496[a]	0.540[a]
	20	0.433[a]	0.499[a]	0.532[a]

DSxDPxF interaksiyonunun TBA üzerine etkisi

Depolama periyodu (ay)	Depolama sıcaklığı C	Formülasyon		
		% 5	% 10	% 15
0.	4	0.121[b]	0.222[a]	0.243[a]
	20	0.121[b]	0.217[a]	0.249[a]
1.	4	0.125[b]	0.223[a]	0.247[a]
	20	0.125[b]	0.225[a]	0.252[a]
2.	4	0.128[b]	0.224[a]	0.249[a]
	20	0.128[b]	0.218[a]	0.257[a]
3.	4	0.170[b]	0.222[a]	0.256[a]
	20	0.181[b]	0.221[b]	0.263[a]
4.	4	0.171[b]	0.225[a]	0.257[a]
	20	0.183[b]	0.223[b]	0.265[a]
5.	4	0.172[b]	0.226[a]	0.260[a]
	20	0.186[b]	0.223[b]	0.267[a]
6.	4	0.171[b]	0.234[a]	0.268[a]
	20	0.196[b]	0.231[ab]	0.271[a]
7.	4	0.173[b]	0.235[a]	0.271[a]
	20	0.192[b]	0.236[a]	0.274[a]
8.	4	0.168[b]	0.240[a]	0.274[a]
	20	0.194[b]	0.242[a]	0.275[a]

Duyusal değerlendirme ortalamaları

	D per. (ay)	4 °C			20 °C		
		% 5	% 10	% 15	% 5	% 10	% 15
Renk	0.	3.9	4.7	4.9	3.9	4.7	4.9
	1.	3.4	4.5	4.3	3.3	3.3	3.6
	2.	3.4	4.4	3.8	3.2	3.1	3.2
	3.	3.1	4.4	3.5	3.1	3.0	2.9
	4.	3.0	4.2	3.5	3.1	2.9	2.9
	5.	2.9	4.1	3.4	3.0	2.8	2.8
	6.	2.7	4.0	3.4	2.9	2.7	2.6
	7.	2.6	3.9	3.3	2.7	2.5	2.5
	8.	2.5	3.8	3.2	2.6	2.4	2.4
Koku	0.	4.0	4.5	4.4	4.0	4.5	4.4
	1.	3.7	4.3	4.2	3.7	4.0	3.8
	2.	3.5	3.9	4.2	3.6	3.8	3.8
	3.	3.3	3.8	4.0	3.4	3.7	3.7
	4.	3.3	3.8	4.0	3.3	3.5	3.5
	5.	3.1	3.7	3.9	3.1	3.4	3.3
	6.	3.1	3.6	3.9	3.0	3.4	3.3
	7.	3.0	3.6	3.8	2.9	3.2	3.1
	8.	2.9	3.5	3.6	2.9	3.1	3.0
Tekstür	0.	4.6	4.5	4.7	4.6	4.5	4.7
	1.	4.0	4.4	4.7	4.4	4.7	4.6
	2.	3.8	4.4	4.7	4.4	4.3	4.4
	3.	3.6	4.3	4.4	4.3	4.2	4.1
	4.	3.5	4.3	4.3	4.2	4.0	4.0
	5.	3.4	4.2	4.1	4.1	4.0	3.9
	6.	3.4	4.1	4.1	4.1	3.9	3.7
	7.	3.2	4.1	3.9	3.9	3.8	3.7
	8.	3.2	3.9	3.9	3.8	3.8	3.5
Tat-aroma	0.	3.8	4.4	4.8	3.8	4.4	4.8
	1.	3.7	4.3	4.5	3.8	4.1	4.0
	2.	3.7	4.2	4.5	3.8	3.8	3.9
	3.	3.6	4.0	4.3	3.6	3.6	3.7
	4.	3.5	3.9	4.1	3.4	3.4	3.6
	5.	3.4	3.8	4.0	3.3	3.4	3.5
	6.	3.2	3.7	3.9	3.1	3.1	3.3
	7.	3.1	3.6	3.9	3.1	3.0	3.2
	8.	2.9	3.4	3.7	2.9	3.0	3.1
Ağızda bıraktığı his	0.	3.8	4.4	4.4	3.8	4.4	4.4
	1.	3.8	3.9	4.2	3.8	3.9	4.2
	2.	3.7	3.8	4.0	3.8	3.8	3.9
	3.	3.6	3.6	4.0	3.7	3.6	3.7
	4.	3.5	3.5	3.9	3.5	3.4	3.4
	5.	3.4	3.3	3.9	3.4	3.1	3.2
	6.	3.4	3.2	3.7	3.2	3.0	3.0
	7.	3.1	3.1	3.7	3.1	2.9	2.8
	8.	3.0	3.0	3.4	2.9	2.7	2.7

Printed by Books on Demand GmbH, Norderstedt / Germany